欧洲生态和生物监测方法

及黄河实践

Martin Griffiths（英）　　Reinder Torenbeek（荷）
Simon Spooner（英）　韩艳利（中）　　编著

黄河流域水资源保护局组织翻译

黄河水利出版社

·郑州·

图书在版编目(CIP)数据

欧洲生态和生物监测方法及黄河实践/（英）格里菲斯（Griffiths,M.）等编著；黄河流域水资源保护局编译. —郑州：黄河水利出版社，2012.6
　　ISBN 978-7-5509-0228-2

Ⅰ.①欧…　Ⅱ.①格…　②黄…　Ⅲ.①水环境：生态环境–环境监测–欧洲②生物监测–欧洲③黄河流域–生态环境–环境监测④黄河流域–生物监测Ⅳ.①X83

中国版本图书馆CIP数据核字（2012）第065410号

出　版　社：黄河水利出版社
　　　　　　地址：河南省郑州市顺河路黄委会综合楼14层　　邮政编码：450003
发行单位：黄河水利出版社
　　　　　　发行部电话：0371-66026940、66020550、66028024、66022620(传真)
　　　　　　E-mail：hhslcbs@126.com
承印单位：河南省瑞光印务股份有限公司
开本：880 mm×1 230 mm　1/16
印张：6.5
字数：197千字　　　　　　　　　　　　印数：1—1 000
版次：2012年6月第1版　　　　　　　　印次：2012年6月第1次印刷

定价：42.00元

翻　译：叶亚平　温慧娜　江　红　庞　慧
校　核：宋世霞　张绍峰　王新功
审　核：连　煜

封面照片由ICPDR/Victor Mello及殷鹤仙提供，在此向ICPDR/Victor Mello及殷鹤仙致谢。

序一

  欧盟水框架指令是欧盟迄今为止颁布的最长远的环境保护法规之一，它改变了欧洲流域管理的方法，并以健康河流的生态和生物指标为基础，为所有河流和湖泊确定了新的目标。

  为了给水管理决策提供健全的评估方法，欧盟及其成员国开发了一套全面的技术导则和方法，包括欧盟共同实施战略导则、成员国导则和负责实施欧盟水框架指令的主管单位开发的操作指南。很多开发工作都是以欧洲范围内进行的一些重要研究项目为基础，以推动指令的实施。相关的工作还将进一步提高我们对这个复杂领域的理解。这本手册是首次将这些信息都集中到一本书当中，我们很高兴出版这本手册的中文版和英文版。这项工作是由中国—欧盟流域管理项目完成的，在这个项目中，欧盟和中国主要的水管理机构与单位通力合作，共享在水管理重要领域的相关经验。

  欧洲提出生物指标已经有超过30年的历史了，但欧盟水框架指令是第一次在主要的水管理领域采用这些指标。因此，我们希望这本手册能提供一个便捷的途径，以方便大家了解欧洲自实施水框架指令10年来所获得的生态和生物监测知识。中国—欧盟流域管理项目将来自欧洲、中国黄河和长江的经验结合起来，以确保本手册的内容能在最大程度上适用于中国国情。该项目还与中国水利部紧密合作，以确保河流和湖泊健康评估试点工作顺利开展，黄委开展的黄河流域试点工作也是其中一部分，在赤水河开展的研究工作也为中国其他河流提供有益的理念和有价值的参考信息。我衷心地感谢所有开展紧密合作的中方伙伴单位。

  这本手册是欧盟赞助的中国—欧盟流域管理项目系列出版物中的一本，我们希望这将有助于加快中国河流和湖泊环境的改善，促进水管理的可持续发展。

  我很高兴能出版这本手册，希望它将有助于欧盟和中国在水管理领域的长期伙伴关系和知识交流。

大使

欧盟驻华代表团团长

2012年2月

序二

河流和湖泊生态监测与评估是水资源保护的基础性工作。河流和湖泊的监测评估应遵循生态完整性原理，对河流和湖泊的生物、水质、水文、地貌等多项生态要素进行监测与综合评估。我国现行以单一的水质标准进行地表水评估方法具有一定局限性，需要改进和完善。目前，水利部正在开展的全国河湖健康评估试点工作，正是力图突破传统方法，采用更为综合的方法，借以获得对河湖生态状况更为全面的认识，为水资源管理和制定水资源保护规划提供可靠的基础数据。进行河湖健康评估的基础工作是生态和生物监测。开展河湖健康评估工作，需要在生态学原理的指导下，建立一套生态与生物监测的技术标准，以获取可信的监测数据。我国的河湖生态监测与评估工作正处于起步阶段，亟待建立适合我国国情和自然条件的河湖监测评估技术标准体系。在这样的形势下，积极借鉴发达国家的先进技术经验无疑具有重要现实意义。

2000年颁布的《欧盟水框架指令》是欧盟的重要法规之一。这部法规的指导原则是实施流域综合管理，保证水资源的可持续利用及水生态系统的有效保护。这部在国际上享有声誉的法规，总结了欧洲各国的水管理经验，为欧盟各成员国提出了共同的目标、原则、定义、政策和方法。

2005年9月第八次中欧领导人会晤期间确定的"中国—欧盟流域管理项目"的宗旨，就是构建一个流域综合管理交流平台，使中国专家能够分享欧盟同行在制定和执行《欧盟水框架指令》过程中的经验，以促进我国的水资源可持续利用与水生态保护事业的发展。在这个项目的执行过程中，出版了由国际著名水法专家、《欧盟水框架指令》的主要起草人之一Martin Griffiths博士编写的《欧盟水框架指令手册》一书，概要介绍了这部法规的重要原则、行动框架及实施战略。作为中欧合作项目的另一个行动就是开展生态与监测培训和知识传播。摆在读者面前由Martin Griffiths、Reinder Torenbeek、Simon Spooner和韩艳利共同编写的《欧洲生态和生物监测方法及黄河实践》，是《欧盟水框架指令手册》的姊妹篇，它是作者专门为中国读者编写的技术手册。这本手册介绍了近年来欧盟在执行《欧盟水框架指令》过程中，配套颁布的生态与生物监测技术规范和标准，包括地表水的分级系统，监测对象及指示物种的选择，风险、精度和置信度评价，野外采样点布置方法和采样技术等。这本手册还具有索引功能，读者可以在附件CD盘中查找到大量技术标准的细节。这本手册介绍的规范和标准，反映了国际水资源与环境领域的最新研究成果和实践经验，为我国广大读者特别是从事河湖监测评估工作的技术人员、科研人员和管理人员提供了一个分享欧盟最新经验的平台。毫无疑问，这本手册的出版对于我国开展河湖健康评估工作会产生积极的促进作用。

作为中国—欧盟流域管理项目高级顾问组主席，我十分赞赏项目专家组特别是作者Martin Griffiths博士以及行动组织者Simon Spooner硕士所作的巨大努力。他们曾四次访问我的办公室，了解中国同行对于生态生物监测技术的需求，征询我对于手册编写提纲的意见。他们真诚的合作精神和高超的专业水准给我留下了深刻的印象。

这部手册的出版是中国—欧盟在资源环境领域合作的闪亮范例。事实将证明，这部手册对我国水资源保护事业会大有裨益。

全球水伙伴(GWP)中国委员会常务副主席

2011年12月

　　从蛮荒时代到现代文明社会，人类对自然的影响和改造能力飞速增加。临水而居的初衷和对洪水灾害的畏惧，使人类不断调整和改变对河流、对自然的影响途径与程度，河流的开发与保护始终伴随着古今社会的发展并日益困扰着人类文明的进化过程。现今在我们对河流采取过度索取和单一强调河流社会服务功能的情境下，河流日益严重的生态失衡、水体污染问题已经对我们赖以生存的环境构成了严重威胁，人类社会的可持续稳定发展受到挑战。实现河流生态与社会服务功能的协调，维持河流生态系统的健康，已经成为世界各国所面对并亟待解决的重大环境问题。

　　探索建立中国河湖健康评估的技术方法和指标体系，构建河湖水资源保护和生态健康的技术保障，是我国实行严格水资源管理的重要举措，也是实现并维持河湖健康的重要内容。黄河作为举世瞩目的中国重要江河，其洪水威胁、水资源短缺、水土流失和水污染四大环境问题，在中国主要江河中具有独特和典型的代表性。建立黄河健康评估的内涵、指标、方法与体系，对促进中国河流的生态修复与健康维持、促进流域乃至全国的经济与环境协调、促进经济社会的可持续发展，都将会起到极为重要的作用。

　　黄河是自然条件复杂、河情极其特殊的河流，流域经济社会对河流开发和健康维持的胁迫压力巨大。黄委21世纪初提出了维持黄河健康生命的终极目标、主要标志与治理途径，开展了黄河健康生命指标体系理论研究和典型河段的生态修复实践活动。在新形势下如何进一步研究黄河的河流生态文明，尤其是根据水利部总体要求建立符合黄河实际和基于河流健康的综合评估指标体系，是流域管理机构的一项重要工作内容。由于流域相关监测资料与基础研究工作的不足，以及流域不同区域资源条件差异和管理评估者的认识水平与判断角度的不同，目前在河流评价指标体系、监测和评估方法等方面仍有许多的认识分歧，包括黄河在内的河湖健康评估工作仍有繁多的技术问题亟待解决。

　　欧洲在生物监测和评估方面开展了大量的工作，并获得了丰富的经验积累，为流域水生态监测和河流健康评估等提供了技术基础。为此，黄委借助中欧流域交流技术平台并结合中欧流域管理项目的实施，引进和借鉴欧洲流域综合管理与河流生态保护的经验，历时5年，开展了卓有成效的合作研究和技术交流，并针对黄河水资源的生态支撑与干扰影响问题，开展了有益的双边共同研究工作。本书的出版，无疑会对项目实施和今后流域工作起到有益的帮助，对中国流域综合管理水平的提高和河湖健康评估的试点，起到积极的促进作用。

　　欧盟水框架指令工作开展了很长时间，积累了很多的经验。相比较，中国尤其是黄河的水生态监测和水生态保护工作尚处于起步阶段，黄河特殊的河情也决定了探索建立黄河健康评估指标体系、方法和标准的过程，更具有显著的艰巨性、复杂性和长期性。恳请国内外科学家能通过本书的出版，更关心黄河、关心黄河的健康、关心黄河流域经济社会与环境的协调发展。也希望本书的出版，会对我国重要江河的管理提供更多的借鉴与帮助。

2012年2月

目录

1.手册简介和目的

中国—欧盟流域管理项目编写的这本手册，是中欧流域管理对话和交流的组成部分。

这本手册是中国—欧盟流域管理项目的系列出版物中的一本，与本手册相关的其他出版物包括：

欧盟水框架指令手册，中国—欧盟流域管理项目，2008；

欧盟地下水框架指令，中国—欧盟流域管理项目，2009；

欧登塞流域管理规划，中国—欧盟流域管理项目，2010；

欧洲河流鱼类洄游通道恢复指南，中国—欧盟流域管理项目，2010。

2008年出版的第一本手册（Martin Griffiths，2008），侧重介绍了《欧盟水框架指令》中有关流域综合管理的一些大的原则。《欧盟水框架指令》的关键原则就是要达到良好的生态状况，生态状况是反映水生生态系统健康的主要指标。

为了进一步促进《欧盟水框架指令》的实施，欧盟各国必须开展生态和生物监测，我们编写的这第二本手册着重介绍了欧盟的技术方法和导则。该手册遵循中国—欧盟流域管理项目加强双方对话交流的精神，有助于中国更好地理解和吸收生态和生物监测及评价方法。目前水利部选择了一些重点河流进行河湖健康评估，这本手册可以为中国河湖健康评估提供更多的信息。

本手册的主要目的是引入《欧盟水框架指令》的有关技术资料。近30年来，欧洲的生态和生物研究方法和数据有了长足的发展，为达到《欧盟水框架指令》的要求，各成员国之间也开始进行合作。

《欧盟水框架指令》在欧洲得到了广泛的支持和实施，它包含了欧洲共同实施战略(CIS)导则、各成员国导则、环境部门和相关主管部门导则以及野外操作手册几个部分。此外，本手册还列举了一些案例，演示如何根据生态和生物监测信息来编制报告并向公众发布。

《欧盟水框架指令》对中国河湖健康评估以及未来的水环境投资具有很好的借鉴意义。尽管《欧盟水框架指令》的有些原则也适用于中国，但仍需要进行修正及优化调整以适合中国国情。

欧盟水框架指令手册分为以下几个部分：生态分类体系、监测方案设计、生物指标研究、野外采样方法和信息发布。

图1.1显示的是本手册的结构和逻辑框架。各部分可以独立成章，各领域的专家可以选择其中感兴趣的部分进行深入探讨，比如说，野外生物学家就可以重点关注野外监测方法。本书附有CD，内含所有公开发表的文献。

该手册重点介绍地表水生态和生物监测方法，以河流和湖泊为主。类似的原则也适用于过渡水域、海洋监测，但本手册没有涵盖这些内容。地下水也是一种重要的水资源，但地下水系统中一般没有动植物生态系统，因此通常用化学方法和定量方法来评估地下水的质量和水量。

该手册主要面向中高层管理人员以及从事流域规划和水资源保护的科研人员。高层人员对该手册的解读有助于政策制定及贯彻实施。它也为那些直接从事生态和生物监测研究的技术人员提供了详细的技术方法和参考文献，有助于更好地理解欧盟的导则和方法。

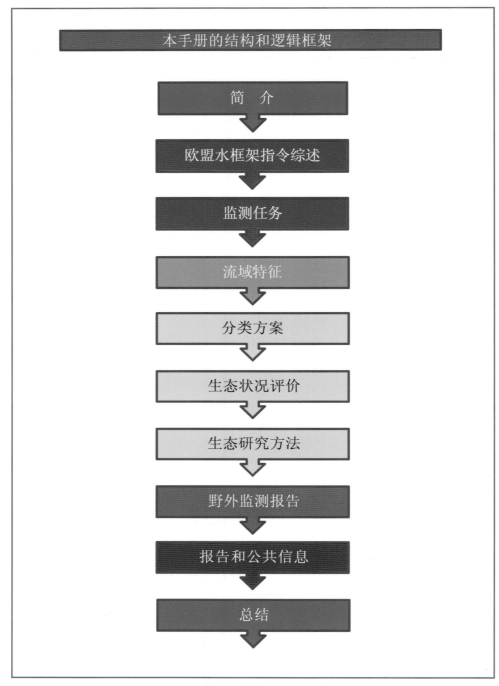

图1.1　本手册的结构和逻辑框架

2.水框架指令文件

2.1 背景

《欧盟水框架指令》为保护与改善河流、湖泊、地下水、河口及近岸海域引入了新的方法。它为促进自然水体的可持续发展提供了一个框架，其重点在于改善水生环境，为水生动植物群落的生存提供支撑。健康的水生生态系统可为人类提供优质的水资源。

对自然资源的利用进行合理规划可以保证社会经济需求与环境需求之间的平衡，并且可以保证为生活、工业、农业以及娱乐业提供优质的水资源。此外，采用流域综合规划的方法也提供了一个很好的机遇，使得我们可以用一种更为战略性的、综合的方法来应对诸如气候变化、可持续发展及其他与水相关的挑战。

《欧盟水框架指令》介绍了欧盟的水生态目标，其核心目的是为了保护水资源。设立水生态目标是为了保护水资源，恢复水生生态系统的结构和功能，从而保障水资源的可持续利用。基于这些目标，将以生态监测结果来作为水管理策略是否有效的评判标准。

为了实现这个目标，就必须清楚地了解水生生态系统的现状，包括每个流域的压力和风险分析，这就需要开展综合的基于风险的生态环境监测，从中获得的信息可使我们了解各流域的不同特征。

生态环境监测与评价的方法或分类方案的开发及应用与监测信息相关。这些分类方案对达标评价而言是必不可少的，同时也是水资源管理及其改善的基本推动力。准确的、可重复进行的达标评估是问题的关键，因为它对保护和改善水资源的投资和管理起到了推动作用。

《欧盟水框架指令》介绍了规范的流域管理规划体系，其关键机制是确保水资源综合管理。它是实现生态目标及推动水环境改善的最有效的机制。

图2.1总结了以上各部分之间的相互关系以及本手册的逻辑和结构背景。

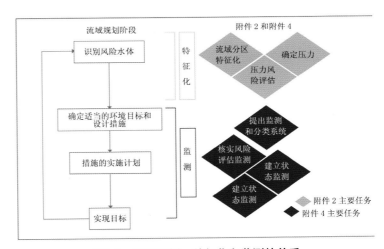

图2.1 流域规划、特征化和监测的关系

图片来源：苏格兰环境保护局(SEPA)，2002，苏格兰水资源的未来

2.2 《欧盟水框架指令》时间表

《欧盟水框架指令》对执行时间表作了明确的规定，见表2.1。

与特征化及生态和生物监测相关的主要因素标注为绿色，根据时间表的要求，需在2004~2007年执行。但是，需要说明的是，执行时间是根据生态和生物数据的掌握程度以及不同成员国在此之前的一些指标和分值变化情况而制定的。《欧盟水框架指令》的制定正是基于这个深厚的背景。《欧盟水框架指令》的这个原则决定了本手册的重点所在。

表2.1 《欧盟水框架指令》时间表

行动完成期限	需要采取的行动	对应的指令条款	概述
2000年	水框架指令开始生效	第二十二、二十五条	成员国用3年的时间进行准备
2003年	（1）将指令要求转换为国家立法 （2）确定流域分区与主管机构	第二十三条 第三条	
2004年	确定流域特征：压力、影响及经济分析	第五条	用6年时间分析问题并编制流域管理规划
2005年	确定地下水污染的主要趋势	第十七条	
2006年	（1）确定环境监测计划 （2）公布编制首轮流域管理规划的工作计划并征求意见 （3）确定地表水环境质量标准（EQS）	第八条 第十四条 第十六条	
2007年	（1）向欧盟委员会报告监测计划 （2）总结出每个流域区的重要水管理问题（SWMI），公布并征求意见	第十四条	
2008年	公布流域管理规划初稿并征求意见	第十四条	
2009年	（1）公布每个流域区的第一轮流域管理规划 （2）建立每个流域区的措施计划以实现环境目标	第十三条 第十一条	
2010年	（1）向欧盟委员会报告流域管理规划和措施计划 （2）引入水价政策	第九条	用3年时间使措施计划到位
2012年	（1）保证所有措施计划完全付诸实施 （2）汇报实施第一轮流域管理规划的进展情况	第十一条 第十五条	
2013年	审查流域管理规划第一个周期的进展情况		用3年时间实现规定的目标
2015年	第一轮流域管理规划确定的主要环境目标是否实现	第四条	
2015年	审查并修订第一轮流域管理规划	第十三、十四、十五条	再用6年时间进行下一轮规划、咨询与实施
2021年	（1）第二轮流域管理规划规定的主要环境目标是否实现 （2）审查并修订第二轮流域管理规划	第四条 第十三、十四、十五条	再用6年时间进行下一轮规划、咨询与实施
2027年	（1）第三轮流域管理规划规定的主要环境目标是否实现 （2）审查并修订第三轮流域管理规划	第四条 第十三、十四、十五条	

2.3 《欧盟水框架指令》实施进展

大多数欧盟成员国已经遵照时间表，于2009年底开始实施第一个项目。

监测计划于2006年12月22日开始实施。2009年欧盟委员会向欧盟议会做了这些项目的总结报告。参考2009年欧盟委员会依照第18.3条所要求的水框架指令2000/60/EC关于水资源状况监测计划给欧洲议会和理事会的报告，[SEC(2009)415]。全文见附件1。

对《欧盟水框架指令》监测的总体状况评估如下：

欧盟成员国的监测报告显示，共建立了约57 000个监测站对地表水进行监测，约51 000个监测站对地下水进行监测。地表水监测站大多设在河流，其次设在湖泊和近岸海域。其中，26 000多个地表水监测站是基于监控目的；41 000多个监测站实施生态或化学状况监测。在地下水监测站中，实施化学状况监测的有31 000个，运行监测站约20 000个，地下水位监测站近30 000个。对欧盟27个成员国的考察发现，英国监测站最多(12 807个)，然后依次是意大利(8 311个)、德国(6 688个)和丹麦(6 085个)。如果以每1 000 km²面积作为标准，英国(52个)和爱尔兰(44个)是目前监测站密度最高的国家，而北欧国家如芬兰(少于1个)和瑞典(5个)则密度非常低。监测站密度在欧盟成员国之间的差异

在很大程度上与其自然特征、人口密度、水资源利用以及外部压力相关。但是，监测计划设计概念的差异，例如选择设立何种类型的监测站，也会影响到监测站的数量。

图2.2为2009年欧盟所有成员国的地表水监测点。附件1中的图分辨率更高。

监测信息影响了2009年的第一轮流域管理规划的编制。第11章中有关于英国泰晤士河的案例。

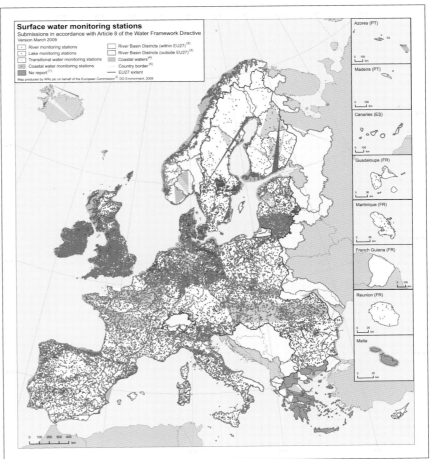

图2.2 欧盟地表水监测站点

图片来源：《欧盟水框架指令》第8条，2009

3.《欧盟水框架指令》的监测要求

3.1 监测计划的作用

环境监测计划是为帮助识别问题和风险、评估现状、管理流域和水资源提供信息。监测结果必须反映出流域的压力和风险，因此保证信息的可靠性是关键。只有掌握可靠的信息才能保证作出合适的决策。如果作出的决策是基于不可靠的监测信息，那将会犯下不可估量的错误，也会给流域内的用户和社区带来不必要的监管压力。

《欧盟水框架指令》时间表要求，必须在2006年底前完成地表水监测计划。共同实施站略(CIS)指导文件7的主要内容就是《欧盟水框架指令》的地表水监测，这份文件主要是指导专家和相关人员对各类水体的监测网络和监测计划进行设计并付诸实施，以满足《欧盟水框架指令》的要求。

共同实施战略指导文件7——政策概要见附件1。图3.1显示的是文件封面。

共同实施战略指导文件7规定了所需的地表水监测信息：

- 水体状况分类；
- 补充和验证风险评估程序；
- 有效地设计未来的监测计划；
- 评估自然环境的长期变化；
- 评估广泛的人为活动造成的

长期变化；

- 估算越境排放或排入海洋的污染物负荷；
- 评估风险水体由于采取了改善或防止状况恶化的措施而产生的变化；
- 查明水体达不到环境目标的

原因（如果其原因尚未明确）；

- 查明污染事故的程度和影响；
- 相互校准的应用；
- 评估保护区是否达标；
- 定量分析地表水的参考条件。

欧盟水框架指令
共同实施战略
(2000/60/EC)

政策概要
指导文件1号
经济和环境的挑战
——欧盟水框架指令

图3.1 共同实施战略指导文件7——政策概要

3.2　监测类型

对于地表水来说，《欧盟水框架指令》主要有三种类型的监测，即监督监测、运行监测和调查监测。

监督监测：用以补充和验证初始的压力和影响评价，评估自然条件的长期变化，以利于设计未来高效的监测和管理活动。

运行监测：用来确定那些可能无法达到环境目标的水体的状况，并评估项目实施带来的变化。这样可有助于保证将宝贵的监测资源重点放在无法达标的水体上。

调查监测：是当尚未确定环境目标未能实现的原因时，或者还无法确定污染事故的程度和影响时实施的监测。

最后，《欧盟水框架指令》还需要开展一种与保护区有关的监测；在这种情况下，现有的监测要求必须纳入监测计划中。为评价地下水的水量状况，还必须进行地下水位监测。

虽然这些监测的定义是有用的，但是在实践中，要有一系列监测计划和历史数据提供的信息来确保决策的有效性。水建模技术也是决策的一个重要组成部分，只有输入的信息准确，才能构建出好的模型，而在设计监测计划时也需要将这些信息纳入考虑。

监测计划很少是根据最初的原则来进行设计的，通常是从以前的监测计划和背景信息发展而来的，必须利用以前积累的信息来增加对水环境的了解并达到新的目标。此外，监测计划不可能尽善尽美，要不断对监测计划进行优化修订，确保以一个比较合理的成本为决策提供监测信息。

3.3　生态监测信息的应用——与压力相关联

英国环境部门(Defra)编写了一本关于如何利用监测来判定是何种环境压力（土地利用、污染、水文等）导致了生物受损的指导手册。参见Defra，2011，我们怎样判断在水框架指令的背景下哪种压力导致了生物受损。文章全文包含在附件4内。

正如《欧盟水框架指令》时间表中所概述的一样（见上述第2.2节），以水框架指令为基础的水管理有一个6年的周期。每隔6年会再评估一次水体，如果一个水体不能达到环境要求，必须查明原因并采取措施改善其环境状况。生物受损的原因不一定总是很清楚，因此需要判断是哪种压力导致了生物受损。以下内容来自于Defra文档，内容与图3.2有关，图3.2是用来判定哪种压力导致生物受损的现有程序概览图。

当考虑某水体(图3.2方框1)生物受损的原因时，我们通常考虑4个方面：

● 我们的有关生物对压力反应的专业知识；

● 水体及更大集水区内存在的环境压力，考虑当地情况；

● 我们用来诊断生物压力原因

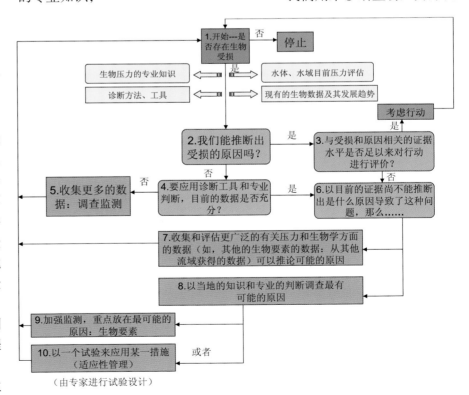

（由专家进行试验设计）

图3.2　目前用来判定哪种压力导致生物受损的方法综述（Defra，2011）

的工具和方法；

● 目前的生物学数据（包括外部数据），它的趋势及它与压力的统计学联系。

把这些因素都考虑进来，我们就可以确定是能还是不能推断出受损原因（图3.2方框2）。

如果我们能推断出最可能的原因，我们就能评定与生物受损相联系的证据水平是否足以支持该活动（图3.2方框3），正如在指导手册"完成调查和选择措施的证据水平"中所言。如果有足够证据，下一步，举例来说，调查压力来源，同时实施有关的改善措施。然而，如果证据不足，也就是没有足够证据可以推断出导致化学影响的压力，那么我们可以得出结论：没有足够可信数据来作出推断（图3.2方框6）。

如果基于最初的评估（图3.2方框2）我们不能推断出受损的最可能原因，那么我们就需要判断现有数据是否足够充分来应用有关的诊断工具或专业判断（图3.2方框4）。数据不充分的话，我们会收集更多或更多样的数据（图3.2方框5）。若数据充分，可以利用工具来判断，但是我们仍不能判断受损原因（图3.2方框6），我们的下一步取决于受损原因的确定性程度。

当我们对受损原因无把握的时候，我们就需要通过收集和评估更多更广泛的数据（图3.2方框7）来探究情况。这可能包括增加水体的生物学采样样本，也可能包括收集更多关于环境压力的数据。

当我们对受损原因很清楚的时候（图3.2方框8），一般来说，我们会加强对易受压力影响的生物样本的监测（图3.2方框9）。举例来说，如果怀疑压力是水流影响，那么就该对物种水平而不是科属水平进行无脊椎动物分析，来进一步收集证据，以证明压力与受损之间的相关性。有时候我们会采取试验手段来降低压力值，以此来演示这样是否会改善生物值（指标"适应性管理"）（图3.2方框10）。

如果在一定时期内及在多种水体中重复这个过程，就会增进我们对压力反应的知识以及改进诊断工具。

3.4 风险、精度和置信度

这些是监测方案设计中的关键概念。它们决定了监测频率以及所获信息的可信度。共同实施战略指导文件7提供了导则。之后第5章"监测方案设计中的统计学要素：风险、精度和置信度"对这个重要议题也会进行探究。有关参考文献对这几个概念也有进一步阐述。

3.5 流域、水体、分类、采样点选择

这些是流域管理的关键水文学和地理学要素。对于这些复杂系统的综合管理来说，对流域内的这些概念的理解非常关键。

3.5.1 流域

流域由河流、湖泊、地下水和流入单一入口的河口及近岸海域组成。如图3.3所示，它们是水资源管理的主要部分，在《欧盟水框架指令》中被定义为流域行政区。《欧盟水框架指令》基于一个前提，即某个河段内的决策不是孤立的，在一个河流集水区上游采取的行动会影响到下游。我们经常看到上游水域的富营养化和污染影响到下游居民用水的情况，必须编制流域规划并设计监测体系来保证流域的整体健康。

3.5.2 水体

水体是监测和流域管理的基本单元。

识别水体的关键目标就是为了能够清晰界定对流域有影响的生态目标。因此，水体必须能够代表对特定的压力或者一系列压力进行管理的合适的单元。

建立水管理项目的首要任务之一就是确定在某一地区具有代表性的水体，它们必须是离散的，并且对流域环境具有重要性的单元。它们可以是河流系统或者系统外延的组成部分，如湖泊、河口水体或者近岸海域。正确识别这些主要的自然属性分类可以使未来的管理和监测更为有效，而且可以保证报告和评估的准确性。图3.4展示了确定水体的要素，并介绍了地表水分类的概念。

3.5.3 分类

分类，或称地表水分类，描述的是水体的自然和物理化学特征。在最高层次，水体分别流入河流、湖泊、过渡水域和近岸海域。这些差别，一般来说决定了在此出现的植物和动物的类型。

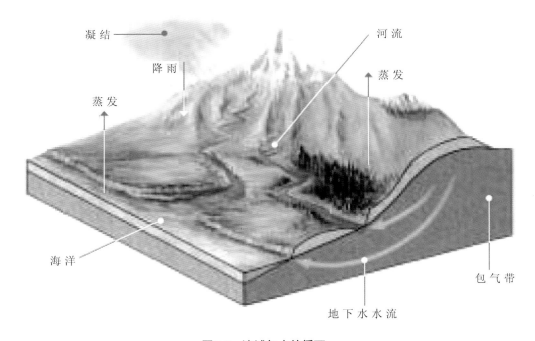

图3.3 流域与水的循环

图片来源：苏格兰环境保护局(SEPA)，2002，苏格兰水资源的未来

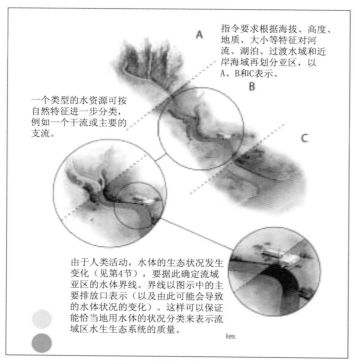

指令要求根据海拔、高度、地质、大小等特征对河流、湖泊、过渡水域和近岸海域再划分亚区，以A、B和IC表示。

一个类型的水资源可按自然特征进一步分类，例如一个干流或主要的支流。

由于人类活动，水体的生态状况发生变化（见第4节），要据此确定流域亚区的水体界线。界线以图示中的主要排放口表示（以及由此可能会导致的水体状况的变化）。这样可以保证能恰当地用水体的状况分类来表示流域区水生生态系统的质量。

图3.4　水体要素的确定

图片来源：苏格兰环境保护局(SEPA)，2002年，苏格兰水资源的未来

事实上，需要对具有不同地质、地貌、气候和海洋的环境作进一步细致的划分，不同的环境类型对预期出现的动植物群落有不同的影响。这样，就可以编制一幅描绘各个流域类型的地图（可能的情况下使用地理信息系统）。该监测体系可用来构建初始分类，而当信息增加后即可对分类进行改进。

河流分类的目的在AQEM（AQEM联合小组，2002）计划中做了阐述。河流分类定义如下：

河流类型是一种人工描绘但在生态上有一定意义的实体，内部包含着有限的生物及非生物反应，且与其他类型有生物及非生物方面的不连续性。

河流类型应该起到单元块的作用，可对其应用评估系统。河流类型应该总是基于自然或者近自然的参考样点，因为某特定河流类型各个不同自然点之间的区别表明了对

不同退化状态的定义和分类。生物

学的评价需要足够稳定的和综合的河流分类，同时还要考虑生物和非生物的标准。最突出的非生物因素是地貌、地球化学、海拔高度、河流大小和水文要素。

分类是地表水分类系统的基本要素。对各个地表水类型来说，可以进行生物评价，前提是人类干预对水体没有影响或改变得很少。这就产生了一个基本概念——"参考条件"，在此基础上再提出分类体系。分类请看第4章。

《欧盟水框架指令》给出了两种分类体系：A体系和B体系。A体系：有生态区域和一些必选要素。B体系：没有生态区域，但必选要素是海拔、经度、纬度及地质和大小。也有可选要素。见表3.1和表3.2。

3.5.4　采样点选择

采样点是在水体内选择的，用

表3.1　　河流分类的A体系和B体系（《欧盟水框架指令》）

A体系		B体系	
生态区域	地图所示	必选要素	海拔
海拔类型	高海拔：800 m 以上		纬度
	中等海拔：200～800 m		经度
	低地：200 m 以下		地质
下游区大小类型	10~100 km²		大小
	100~1 000 km²	可选要素	距离河源的距离
	1 000 ~10 000 km²		
	10 000 km²以上		水能
地质类型	石灰质类		平均水面宽度
	硅土类		平均水深
	有机类		平均水力坡度
			主河床的形状与形态
			河道流量类别
			河谷形状
			泥沙输送
			酸中和能力
			平均底层组成
			氯化物
			气温变化范围
			平均气温
			降雨量

表3.2　　　　　A体系和B体系的湖泊类型（《欧盟水框架指令》）

A体系		B体系	
生态区域	地图所示	必选要素	海拔
海拔类型	高海拔：800 m以上		纬度
	中等海拔：200~800 m		经度
			水深
	低地：200 m以下		地质
平均水深	浅水：3 m以下		大小
	中等深度：3~15 m	可选要素	平均水深
	深水：15 m以上		湖泊形状
水面面积	0.5~1 km²		滞留时间
	1~10 km²		平均气温
	10~100 km²		气温变化范围
	100 km²以上		混合特征
地质类型	石灰质类		酸中和能力
	硅土类		本底营养状况
	有机类		平均底层组成
			水位波动

来表征水体的质量。

AQEM项目（AQEM联合小组，2002）提供了采样点选择的注意事项及规定。图3.5展示的是AQEM系统应用手册的封面，详细内容参见附件5。

AQEM采样点选择导则：

在生物监测计划中，选择采样点的过程中会出现错误。为了将有关采样点选择的错误减少到最小，应时刻考虑以下指导原则：

●监测计划的主要目标不是评价河流的地方特征，而是为了了解更大的河流环境或者一个完整集水区的生态特征，因此选取的采样点和所采集的样本必须反映整条河流或至少是河流涉及范围内的自然特征，这才是需要进行评估的。

●生物样本要求的采样点通常与化学分析所要求的是不一样的。通常来说，河段靠近桥梁的地方经常被作为化学分析的水样采样点，但在这类地方采集大型无脊椎动物样本却是不合适的，生物采样必须反映更大区域范围内的自然和生态特征。

怎样从调查区域中选取采样点？

必须区分采样点和调查区域这两个概念。"采样点"就是采集生物样本的地点，必须对被评价的河流范围具有代表性。"调查区域"可以是覆盖了区域为几百米的溪流，其长度包括了这条溪流的完整集水区；这是要进行监测的区域，也就是采样点所代表的区域。

●采样点的长度取决于河流的宽度和栖息地的多样性。一般来说，长度必须小于20 m，且能覆盖整个河流的宽度；必须能代表河流长度最小500 m或河流宽度平均为100 m（后者长度更长）的调查区域。

以下是采样点必须满足的特征：

●河流地貌和栖息地的构成。采样点必须反映栖息地调查区域的组成结构。

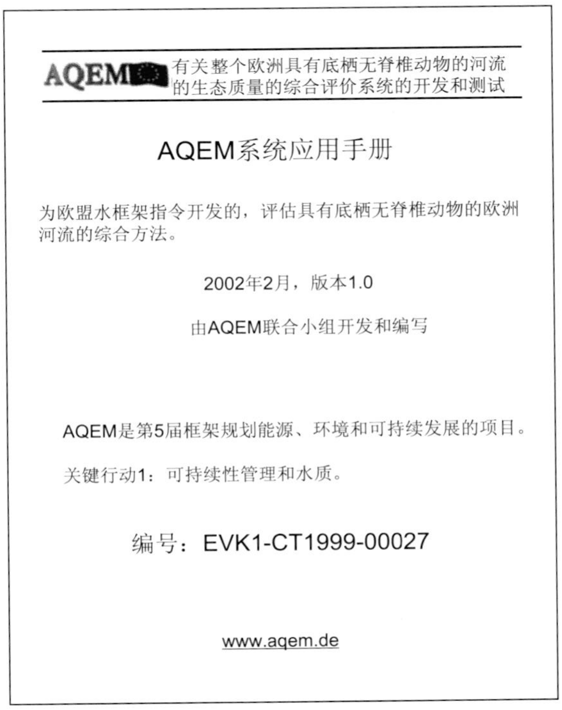

AQEM 有关整个欧洲具有底栖无脊椎动物的河流的生态质量的综合评价系统的开发和测试

AQEM系统应用手册

为欧盟水框架指令开发的，评估具有底栖无脊椎动物的欧洲河流的综合方法。

2002年2月，版本1.0

由AQEM联合小组开发和编写

AQEM是第5届框架规划能源、环境和可持续发展的项目。

关键行动1：可持续性管理和水质。

编号：EVK1-CT1999-00027

www.aqem.de

图3.5　AQEM系统应用手册的封面

4.地表水分类方案（基于英国技术顾问组2007论文）

英国关于地表水分类的关键文件是英国技术顾问组文件（UK TAG），2007，对水框架指令地表水分类方案的建议。封面如图4.1所示，全文详见附件4。

英国技术顾问组对水框架指令的建议

对水框架指令地表水分类方案的建议

2007年12月

图4.1　英国技术顾问组关于地表水分类方案的建议文件封面

4.1 简介

根据《欧盟水框架指令》，地表水质量包括化学状况及生态状况两方面。化学状况基于首要污染物的浓度，欧盟规定了所有首要污染物的标准。基于"一个不达标则所有不达标"的原则，可以确定化学状况是好还是差。而对于生态状况则没有统一的标准，欧盟每个成员国必须制定自己的生态评估方法和生态标准。如图4.2所示。

为了对地表水质量进行评价和报告，有必要以一种共认的和透明的方式开发出一种对水体进行比较的方法，这就是所谓的分类。遵守分类知识将推动流域规划的进程，而且也为今后的环保投入指明了方向，从而实现既定的环境目标。

分类过程对每个地表水体确定一个状态等级。特定水体的等级代表地表水体所支撑的水生生态系统的结构和功能因各种不同压力而发生改变的程度。

《欧盟水框架指令》为每一种地表水类型引进了五种等级的概念。这些状态等级分别称为"优"、"良"、"中"、"差"、"劣"，每一种等级分别代表构成水生生态系统的生态要素受人类干扰的不同程度。

图4.3和图4.4提供了对五种等级的描述。

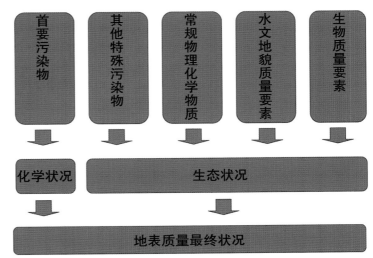

图4.2 《欧盟水框架指令》地表水状况的决定要素

（Torenbeek，2007版第11页，翻译版）

"优"代表水体的水文地貌状况、物理化学和生物状况只发生极小改变。"良"要求水体生物状况发生微乎其微的改变且达到污染质量标准。其他的状况等级是根据其生物状况所受到的影响的程度而定义的。

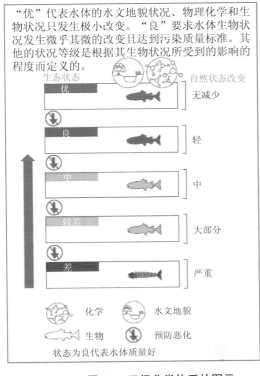

状态为良代表水体质量好

图4.3 五级分类体系的图示

生态状况"优"

每一个相关的生物，水文地貌及物理化学质量要素均符合参考条件

生态状况"良"

由于人类活动的影响，相关的生物质量要素与参考条件相比只发生轻微改变，相关的物理化学质量要素达到环境质量标准。

生态状况"中"

由于人类活动的影响，相关的生物质量要素与参考条件相比发生中等程度改变。

生态状况"差"

由于人类活动的影响，相关的生物质量要素与参考条件相比发生较大改变（即发生重大的变化）。

生态状况"劣"

由于人类活动的影响，相关的生物质量要素与参考条件相比发生严重的变化（即参考生物群落大部分缺失）。

图4.4 五级分类体系的内容概要

4.2 生态状况

生态状况是指由大量"质量要素"状况所表征的地表水生态系统结构和功能的质量状况。指令使用的术语"质量要素"指包括其生态状况分类方案在内的生态质量的不同指标。用于评估生态状况的质量要素有：

- 生物质量要素；
- 化学及物理化学质量要素，包括常规物理化学质量要素以及以显著数量排放的污染物，这被称为"特殊污染物"；
- 水文地貌质量要素。

生态状况等级共五级，分别为"优"、"良"、"中"、"差"、"劣"。如上所述，指令规定，水体的整体生态状况取决于生物或物理化学质量要素中最差的那个要素（即受人类活动影响最为严重的质量要素）。这就是所谓"一个不达标则所有不达标"的原则（见图4.5和图4.6）。

4.2.1 参考条件

根据水框架指令，流域评估的主要目的是对河流划分生态质量等级（"优"、"良"、"中"、"差"和"劣"），这是由其与河流类型特定参考条件的偏离量决定的（AQEM联合小组，2002）。因此，在水框架指令下，水体生态质量评估的基本原则是将水体的实际情况与相关类型的参考条件进行对比，当满足参考条件时，质量被定义为"优"。

在水框架指令中，生态状况为"良"的一般定义为："人类活动没有或者极轻微地改变了地表水体类型的物理化学及水文地貌质量要素值，使其基本符合未受干扰条件下的水体类型质量。地表水体生物要素值基本反映了未受干扰条件下的水类的状况，没有或者极少出现偏离现象，这些都是与某一特定类型相对应的条件和群落。"

参考值源自人类干扰或压力未导致任何改变或变化很小的同类参考站点。英国技术顾问组建议："参考条件应该体现一国目前或者过去压力很低，没有工业化、城镇化及农业集约化的影响，只有物理化学、水文地貌及生物因素的轻微的改变。"

参考值可确定使用：

- 参考样点群；
- 建模方法；
- 或者，当上述两种方法均不可能时（即使两者结合），采用专家判断方法确定。

4.2.1.1 参考样点网络

在AQEM项目中，参考样点的选择标准如下（AQEM联合小组，2002）：

参照河流必须满足一个完全不受干扰的动物群落演替和建群的所有要求。因此，"参考样点"不应该只是水质干净，还必须具备不受干扰的河流地貌及近自然集水区。尽管对于众多河流类型来说寻找这样一个原始状态的站点是不可能的，AQEM还是定义了如下标准，即"现实可行"的参考样点。

（1）基本条件

- 参考条件必须合理且在政治上得到认可；
- 一个参考样点或者其确定的过程，必须掌握或考虑"自然"条件的重要因素；
- 参考样点的状况必须极少地受到人为干扰。

（2）集水区的土地利用

- 在大多数国家，集水区受到人为影响。因此，作为一个参考样点，其城镇化、农业及造林（林业）程度应尽可能低。定义参考条件时没有设置绝对的最小或最大值（例如，耕地使用百分比，原始森林百分比），而是选择自然植被最

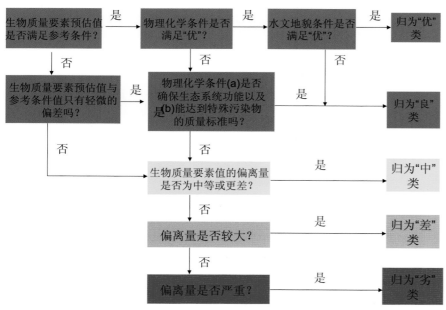

图4.5　不同生态状况分级标准的决策树

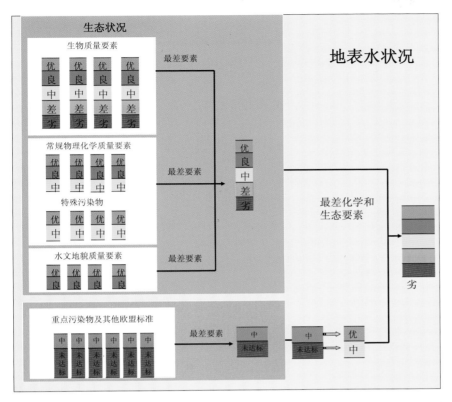

图4.6 应用各种质量要素的结果对生物状态、化学状态和地表水总体状态进行归类

多且受到影响最小的站点。

（3）河道及栖息地

• 参考样点的河漫滩不应被用做耕地。如果可以，它应该覆盖着天然顶极植被和（或）天然森林；

• 粗木质残骸不得被移除（最低要求：存在粗木质残骸）；

• 河流底部及河流边缘不得被固定；

• 最好没有过流障碍（影响泥沙输送和（或）采样点的生物群）；

• 由防洪措施所带来的影响不能超过中等程度。

（4）河岸植被及河漫滩

• 保留了天然河岸植被及河漫滩，河流及其河漫滩之间存在横向连接；根据河流类型的不同，河岸缓冲区应大于或等于河道宽度的3倍。

（5）水文条件及控制

• 不改变自然水文及流量动态；

• 上游不设或很少设造成泥沙淤积的蓄水坝、水库和堰坝，对采样点生物群无影响；

• 没有显著的水文变动，如引水、取水或间歇性放水。

（6）物理和化学条件

• 没有点源污染或者营养物质输入影响站点；

• 没有点源水体富营养化影响站点；

• 没有面源污染流入或者没有面源污染的物质流入的迹象；

• 营养物及化学物质基本负荷处于"正常"水平，可反映一定范围内的集水区状况；

• 没有酸化迹象；

• 没有石灰施用；

• 没有因物理条件所引起的退化，尤其是其热条件必须接近自然；

• 没有由于化学条件引起的水环境退化，特别是没有已知的显著点源污染，同时考虑到水体环境容量；

• 没有盐渍化迹象。

（7）生物条件

不能有以下任何情况出现：

• 由于引进鱼类、甲壳类、贝类或其他任何种类的动植物而造成乡土生物群落显著衰退；

• 鱼类养殖导致乡土生物群落显著衰退。

在很多情况下，例如，一些低地河流类型或者规模较大的溪流，没有满足上述标准的参考样点。对于这些河流类型而言，满足大部分标准的"最容易获得"的现有站点应该只是一个起点；对于参考群落的描述应补充历史数据的评价，或者，如果有可能的话，补充一些类似河流类型的生物组成情况，如大小相同但位于不同生态区的类似河流(AQEM联合小组, 2002)。

参考值应该以从有关质量要素均处于参考条件（即在"优"级）的站点所获取的信息为基础。英国技术顾问组指出，这并不意味着这些站点的质量要素完全不受人类活动的影响，但这种改变必须是轻微的。极少有站点所有的质量要素都满足参考条件，并且可以获得适合建立参考值的数据。因此，参考值可以源自于相关质量要素基本能满足参考条件的站点，而该站点的其他要素则并非如此。这些站点也可以在水体中，而该水体中有一些站点的质量要素也许不能满足参考条件。

基于时间的参考条件：

除实际的参考条件外，也可以使用基于时间的参考条件。基于时间的参考条件可能以历史数据或者重建古环境为基础，或者两种方法相结合。这两种方法通常应用于人类引起的压力十分普遍的情况，或者无干扰的参考条件很少或者完全缺乏的地区。例如，重建过去的环境可能取决于直接基于化石遗存中物种的存在或是不存在，或间接利用化石遗骸和干扰之间的相关关系来推算其他值，如pH参考值。重建古环境的优势之一是，在条件稳定的情况下它往往可以用来验证其他方法的有效性（共同实施战略指导文件10，2003）。另一个优点是，生态状况近期的逐步变化更容易确定。重建古环境的第三个优点是，如果土地利用及生态系统的组成和功能之间存在很强的相关关系，一种预测方法（倒推或外推剂量—反应关系）可以用来预测在土地利用发生重大变化（如先前的集约农业）之前的质量要素。

但这些方法也有一些共有的缺陷。它们通常只适用于特定的某个站点和有机体，因此对确定特有类型值来讲价值有限。至于重建古环境，单纯依赖这种方法来提供决定性的参考值时须当谨慎，因为选择不同的校准数据集来推断生态状况可能会产生不同的值。至于广泛采用的历史数据方法，由于其可获取性以及质量不能保证，因此应用存在一定的局限性（共同实施战略指导文件10，2003）。

4.2.1.2　建模方法

在共同实施战略指导文件10（河流与湖泊——类型，参考条件和分类系统，2003）中给出了一些关于建模方法的备注：

当在一个区域（类型）中没有足够数量的可利用的具有代表性的参考样点时，使用一个区域（类型）内可用数据或者"借用"其他类似区域（类型）的数据，预测建模方法可以用来建立模型和进行校准。使用预测方法的优势之一是，用于预测可靠的平均值或中位数所需要的站点数量以及出现的错误通常比使用三维方法时少，这就使得需要进行采样的站点减少了，实施成本也降低了。使用预测方法的第二个优势是，这些模型可以经常被"反过来"用来检验改善措施可能产生的影响。必须强调的是，预测模型仅对它们创建的特定的生态区和水体类型有效。

4.2.2　专家判断

专家判断通常由关于预定参考条件的描述语句构成。尽管专家的意见可能以半定量的方式表达，但定性描述可能是最常见的。在参考样点缺乏或很少的区域，专家判断是有效的。这种方法的优势之一是，它也可以与其他方法结合使用。例如，专家判断可以用来从一个质量要素推测另一个的结果（即重建古环境使用的化石硅藻遗骸可能被用来推测无脊椎动物群落的组成），或推测无干扰站点的剂量—反应关系。这种方法的另一种优势是，经验数据和意见可与如今的生态系统结构和功能的概念结合使用。然而，由于这种方法固有的一些缺陷，要将这种方法作为建立参考条件的唯一方法时必须谨慎。例如主观性（如普遍观念认为其在过去更好）和偏见（即使多样性低的站点也具有代表性）可能会限制该方法的实用性。其他缺点包括清晰度低或用于建立参考的假定透明度低和缺乏定量措施（如平均值和中位数）。这个方法（以及许多其他方法）的另一缺陷是，它的获取方法是静态的，因而未能考虑通常与自然生态系统有关的动态变化及内在变化（共同实施战略指导文件10）。

4.2.3　生物质量要素

《欧盟水框架指令》对每个地表水种类的每个生物质量要素给出定性描述。表4.1总结了与每个水体类型相关的生物质量要素。

生物状况为"良"，表明没有一个生物质量要素与其参考条件相比受到超过轻微的影响；生物状况为"中"，表明一个或多个生物要素发生中度改变；生物状况为"差"，表明一个或多个生物要素有明显改变；生物状况为"劣"，表明改变严重以致参考群落大部分缺失。

可以使用一些不同的参数（例如，不同类群种类间的平衡，物种数量，总的物种丰度等）来估计质量要素的状态。这些参数有时候被称为反映质量要素的指标。不同的指标用来显示不同类型压力对要素的影响（如污染的影响，地貌改变的影响）。在其他情况下，可以结合不同指标的监测结果，给出一个代表性结果来表征某一特定的压力对质量要素的影响。当单一测度指标不能充分可靠地表征质量要素由于人类活动结果受到的不利影响时，就应当使用多指标测度。

运行监测只需对水体所受压力最为敏感的质量要素指标进行评价。表4.2提供了一个判断哪些要素最适合于特定压力的观点（来自英国技术顾问组）。表4.2中提供了一种集中监测以利于资源有效利用的方法。当不止一种要素对某一种压力敏感(例如所有要素均对富营养化敏感)时，应该使用专家判断法选取某一类水体最敏感的要素。

多指标评价法可以提升最终分类的可信度。例如，当评估浮游生物时，生物量是一项重要的度量标准，因为它决定了整体的浮游植物量，这反过来又影响光的透射力及水中的氧气浓度。分类组成也是一个重要的度量标准，因为它表明我们极不愿意出现的那些物种(如蓝藻和其他机会种)成为优势浮游植物群落。生物分类工具的等级界限表示为生态质量比率（EQRs）。生态质量比率是一种统一以从0到1的数值来表达等级界限的工具。生态质量比率边界值代表对应参考值的偏差率。比率相对接近1（即很小或没有偏差）代表"优"类，比率相对接近0（即重大偏差）代表"劣"类。

分类工具的开发应不断加以完善。这方面的开发工作应考虑利用监测计划采集到的新数据和对因果关系更深的了解。当现有工具不能正确反映水环境的特定压力所产生的影响时，应继续开发新工具或对已有工具进行改进。

具体生物评价的详情将在第6章单独论述。

表4.1 不同水体类型的相关生物质量要素

河流	湖泊	过渡水域	近岸海域
（i）底栖无脊椎动物 （ii）鱼类 （iii）浮游植物 （iv）大型植物和底栖植物	（i）底栖无脊椎动物 （ii）鱼类 （iii）浮游植物 （iv）大型植物和底栖植物	（i）底栖无脊椎动物 （ii）鱼类 （iii）浮游植物 （iv）大型藻类 （v）被子植物	（i）底栖无脊椎动物 （ii）浮游植物 （iii）大型藻类和被子植物

表4.2 对河流影响压力敏感的质量要素

压力来源	影响类型	暴露压力	大型植物	底栖植物	大型底栖无脊椎动物	鱼类	地貌	水文	一般物理化学质量要素	特殊污染物	首要物质	首要危险物质
富营养化	主要影响生物	特定水体中富营养化的变化，单位面积生物数量增加，其他初级生产者的变化	×	×				×	营养物质			
有机物浓度	主要影响生物	有机物浓度增加，生物群落结构改变			×			×	有机物质			
污染物	主要影响底泥和水质	污染物浓度增加（水体和底泥）			×			×	一般物质	×	×	×
水文	主要影响生物	取水改变水位，会对生物造成影响的水流情势改变	×	×	×	×	×	×	一般物质			
地貌	主要影响生物	河岸和河道改变，底泥特点改变（如厚度），清淤和毁坏河床	×		×	×	×	×				
酸化	主要影响生物	ANC和pH的改变，生物群落和毒性协同作用的改变		×	×	×			酸化物质			

4.2.4 相互校准

为了促进在欧盟推出统一的和可比的分类方法，欧盟委员会和成员国已提出一种"相互校准"的行动。这次行动的目的是将各成员国用来评估每个生物质量要素所采用的不同分类工具统一成一个一致认可的可相互比较的良好状况等级界限。它考虑到了欧盟各成员国开发的分类方法的实施过程，避免采用单一的分类体系。分类体系多样化是一种优势，同等的和可比条件下的评估之间允许进行相互校准。

在共同实施战略指导文件6相互校准网络的建立和相互校准过程中，对相互校准的步骤进行了阐述。在共同实施战略指导文件14中（欧盟委员会，2005）针对相互校准过程，给出了三种相互校准的方法，该文件对每种方法的使用条件、应用、特性、相互校准网络的作用，以及对数据的要求和优缺点也都作了一一阐述。

第一种方法，采用相同的度量标准和相似的参考条件确定方法。度量标准通过收集的数据计算得出，并按照标准程序进行分析。该方法不要求对《欧盟水框架指令》不同评估方法的所有结果进行相互校准，而只要求通过应用等级界限确定步骤，对由统一方法得出的生态质量比率等级的优—良和良—中等级界限达成共识。这是最简单的选择，因为它避免了对不同评估方法结果进行比较所涉及的困难和不确定性，保证了成员国之间的可比性。

但是，使用这种方法的需求可能受到限制，因为很少有成员国计划使用统一的《欧盟水框架指令》的评估方法，也很少认同通用原则。出于这个原因，又提出了另

外两种方法。在第二种方法中，应确定合适的通用度量标准。在第三种方法中，成员国用自己的数据根据边界确定步骤，并确定代表优—良和良—中等级界限的相互校准站点。此外，也可以采用几种方法相结合。详情请参阅共同实施战略指导文件14（欧盟委员会，2005）。

Kelly等（2008）提到了一个使用底栖硅藻（底栖植物）进行河流相互校准的例子。由波罗的海地区的12个成员国参加，提出了一个通用的度量标准。图4.7显示的是欧盟所有成员国良—中之间的等级界限（黑点）。横长方形显示的是可以接受的优—良边界值的近似限值：0.839~0.939，良—中：0.654~0.754。圆圈代表经过调整的或"协调"的边界值。

这是第一次在整个欧盟尝试这种"相互校准"，2007年底完成相互校准的第一阶段。相互校准的第二阶段预计将按时完成，并将其结果纳入流域管理规划的首个修订计划之中。

4.2.5 一般的物理化学质量要素

一般的物理化学质量要素描述的是水质。它们包括化学物质如营

养物质，以及物理性质如热状况，见表4.3。对"优"类生态状况，每个要素的状态必须在未受干扰条件范围内。对"良"类生态状况，指令要求一般物理化学要素满足成员国为保护生态系统功能所设定的标准。

《欧盟水框架指令》还列出了欧盟各地所排放的大量特殊污染物的清单，这些特殊污染物对生态质量会产生影响。清单见表4.4。

生态状况要达到"良"，不得超过为特殊污染物设定的环境质量标准。除淡水中的氮外，特殊污染物环境质量标准设定为：水生植物和动物没有不良反应发生时即符合标准。水框架指令还列出了必须考虑的优先和有害物质名单，名单见表4.5。

如果表4.5中列出的一个或多个优先考虑物质或其他有害物质未达到地表水环境质量标准，则判定该水体化学状态未达到"良"类。

4.2.6 水文地貌质量要素

要达到"优"类，指令要求水文地貌质量要素值只能有极轻微的人为改变。请参阅表4.6。

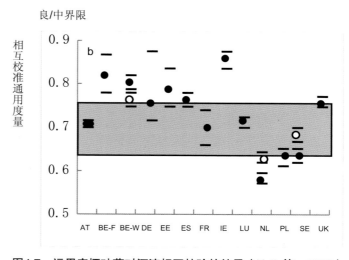

图4.7 运用底栖硅藻对河流相互校验的结果（Kelly等，2008）

表4.3 不同类别的地表水一般化学和物理化学质量要素

水体种类	质量要素	英国技术顾问组提议的标准指标
河流	1. 热条件 2. 充氧条件 3. 盐度 4. 酸化状况 5. 营养条件	1. 水温 2. 总溶解氧 3. — 4. pH 5. 可溶性磷
湖泊	1. 透明度 2. 热条件 3. 充氧条件 4. 盐度 5. 酸化状况 6. 营养条件	1. — 2. — 3. 溶解氧 4. 传导率 5. 酸中和能力 6. 总磷
过渡水域（如河口）	1. 透明度 2. 热条件 3. 充氧条件 4. 营养条件	1. — 2. — 3. 总溶解氧 4. 总溶解无机氮
近岸海域	1. 透明度 2. 热条件 3. 充氧条件 4. 营养条件	1. — 2. — 3. 总溶解氧 4. 总溶解无机氮

表4.4 特殊污染物（大量排入水体）

(i)水生环境中有机卤素化合物和化合物形成的物质

(ii)有机磷化合物

(iii)有机锡化合物

(iv)已确定具有致癌性或可能影响水生环境的类固醇、甲状腺、繁殖或者其他相关的内分泌功能的物质和制剂或其降解产物

(v)持久性碳氢化合物和持久性生物有机致毒物质

(vi)氰化物

(vii)金属及其化合物

(viii)砷及其化合物

(ix)生物杀灭剂和植物保护产品

表4.5 必须符合质量标准的优先和有害物质

1. 甲草胺	16. 六氯苯	31. 苯并芘
2. 蒽	17. 烯	32. 西玛津
3. 阿特拉津	18. 六六六	33. 三丁基锡化合物
4. 苯	19. 铅及其化合物	34. 三氯苯
5. 溴化二苯醚	20. 汞及其化合物	35. 氯仿
6. 镉及其化合物	21. 萘	36. 氟乐灵
7. C10–13氯烷烃	22. 镍及其化合物	37. 艾氏剂
8. 氯芬磷	23. 壬基苯酚（4-壬基苯酚）	38. 四氯化碳
9. 毒死蜱	24. 辛基苯酚	39. 狄氏剂
10. 1,2-二氯乙烷	25. 五氯苯	40. 异狄氏剂
11. 二氯甲烷	26. 五氯苯酚	41. 异艾氏剂
12. 邻苯二甲酸二异辛酯（DEHP）	27. 苯并(a)芘	42. 总DDT
13. 敌草隆	28. 苯并(b)萤蒽	43. p,p-DDT
14. 硫丹	29. 苯并(k)萤蒽	44. 四氯乙烯
15. 荧蒽	30. 氘代苯并芘	45. 三氯乙烯

在"良"、"中"、"差"和"劣"类，水文地貌质量所要求的值必须达到相关生物质量要素等级值。英国技术顾问组建议的标准和限制条件的目的是为了有助于评估未能达标的风险。

4.2.7 外来物种

外来物种入侵对水生生态系统的影响是多种多样的，包括破坏生态功能和过程，通过竞争和捕食取代本地物种和破坏水生生境结构。由于分类体系是基于生物分类工具得到的结果，因此并不能充分反映这些影响。因为大多数生物分类工具并不是设计用来评估外来物种对有关质量要素的影响，所以这方面的工作迫切需要开展。

表4.7是已确定在英国影响严重的关键外来物种。中国需要列出自己的名单。

建议按以下步骤对水体进行分类：如果有证据证明某一重要水体中存在一个或多个严重影响名单上的物种（如外来物种在水体中出现并成功繁殖），并且该物种遍布的水体长度或面积与"优"类的空间标准不一致，水体为低于"优"类。分类的确定程度取决于对该物种是否已固定的确认程度。

由于入侵，一旦严重影响名单上的外来物种出现在一个"优"类水体之中，这些物种存活下来的风险就会很大，从而会引起水体恶化。因此，在水体中已发现有外来物种但尚未固定的情况下，如果不

表4.6 水文地貌质量要素

河流	湖泊	过渡水域	近岸海域
（i）流量和动力 （ii）与地下水体的连通性 （iii）河流连续性 （iv）河流深度和宽度变动 （v）河床的结构和基质 （vi）河岸带结构	（i）流量和动力 （ii）持续时间 （iii）与地下水体的连通性 （iv）湖泊深度变动 （v）湖床大小、结构和基质 （vi）湖岸带结构	（i）深度变动 （ii）河床大小、结构和基质 （iii）潮间带结构 （iv）淡水水流 （v）波浪冲击	（i）深度变动 （ii）近岸海域底部结构和基质 （iii）潮间带结构 （iv）主流方向 （v）波浪冲击

采取有效措施防止该物种入侵，水体将会恶化。管理部门不妨根据英国技术顾问组建议的有关步骤来区分物种是已经"固定"还是仅仅为"出现"。图4.8总结了这种方法。

表4.7 已知对英国地表水有严重影响的外来物种的临时名单

物种常用名	物种学名	植物/动物	区域
1.澳大利亚沼泽景天	*Crassula helmsii*	植物	湖泊
2.漂浮雷公根	*Hydrocotyle ranunculoides*	植物	河流
3.水蕨菜 f	*Azolla filiculoides*	植物	河流及湖泊
4.水蕨菜 c	*Azolla caroliniana*	植物	河流及湖泊
5.鹦羽草	*Myriophyllum aquaticum*	植物	湖泊
6.水生百里草	*Lagarosiphon major*	植物	湖泊
7.水樱草花	*Ludwigia grandiflora*	植物	湖泊
8.加拿大水池草	*Elodea canadensis*	植物	河流及湖泊
9.纳托乐水池草	*Elodea nuttallii*	植物	河流及湖泊
10.日本紫菀	*Fallopia japonica*	植物	河流
11.喜马拉雅香脂树	*Impatiens glandulifera*	植物	河流
12.巨豕草	*Heracleum mantegazzianum*	植物	河流
13.杜鹃	*Rhododendron ponticum*	植物	河流
14.大米草	*Spartina anglica*	植物	过渡水域及近岸海域
15.日本草	*Sargassum muticum*	植物	过渡水域及近岸海域
16.北美典型小龙虾	*Pacifastacus leniusculus*	动物	河流及湖泊
17.红沼泽小龙虾	*Procambarus clarkii*	动物	河流及湖泊
18.大理石小龙虾	*Procambarus* spp.	动物	河流及湖泊
19.带刺小龙虾	*Orconectes limosus*	动物	河流及湖泊
20.淡水片脚类动物D	*Dikerogammarus villosus*	动物	河流及湖泊
21.淡水片脚类动物C	*Crangonyx pseudogracilis*	动物	河流及湖泊
22.糖虾	*Hemimysis anomala*	动物	河流及湖泊
23.中国毛蟹	*Eriocheir sinensis*	动物	河流、过渡水域及近岸海域

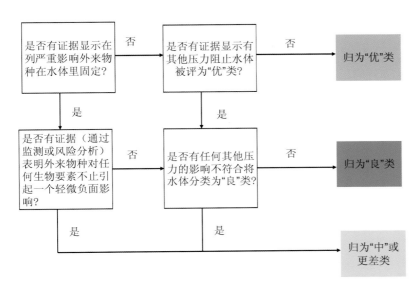

图4.8 外来物种影响评估分类

源自：英国技术顾问组导则

5.监测方案设计中的统计学要素：风险、精度和置信度

这些是监测方案设计中的关键概念和支撑《欧盟水框架指令》的原则。

定义——风险、精度和置信度——改编自CIS 7

风险：从最简单的层次看，风险可以认为是一个事件发生的机会。它有两个方面，机会和可能发生的事件的重要性。这些就是传统所谓的概率和后果。

精度：监测和采样方案得出的结果与真实值之间的差值。

置信度：实际上得到的结果（如通过监测方案）落在取值区间的概率。

这些因素决定监测方案及其强度，决定的因素包括：

● 监测方案所包含的水体数量；

● 评估每个水体状态所需要的站点数量；

● 参数监测频率。

CIS 7给出了如下的指导原则：

确定精度和置信度水平决定了监测计划结果允许的不确定性（来自于自然的和人为的变化）。从监测的角度来讲，有必要对水体状况进行评估，特别是确定那些总体状况未达到"良"、生态状况可能达不到"良"或状况正在恶化的水体。因此，必须通过采样数据对水体状况进行评估。这种评估值与真实值之间通常存在差异（从理论上来讲，在对所有水体都监测且所有部分都连续采样的情况下，水体状况才可以计算得出）。

风险水平的可接受程度会影响评估水体状况所需的监测点数量。一般来说，希望获得的分类的误差风险越低，评估水体状况所需的监测（即成本）也就越大。监测成本与水体错误分类的风险之间达到平衡是可以做到的。分类错误可导致所采取的改善措施是低效的和不恰当的。还应该牢记的是，水体状况改善措施的费用比监测的费用要大很多。只有确保为改善水体状况投入的大量资金是基于可靠的信息，那么额外增加费用以降低错误分类风险的监测方案才是合理的。此外，从经济学角度来看，应采用更为严格的标准来防止已经达标的水体被错误判定为未达标的并因此而采取了不必要的措施。此外，还应该指出的是，在进行地表水监督监测和所有地下水监测时，要进行足够的监测，以便对风险评估进行验证，对假设进行测试。

指令没有对监测计划和状况评估所要求的精度和置信度水平作出规定。但是，也要认识到如果对置信度和精度要求过于严格，将导致部分成员国的监测水平要随之提高很多。

适用于监测的关键原则是，实

际的精度和实现的置信水平应允许在时间和空间上做出有意义的状态评估。

详细研究这些问题的关键文本是：

英国环境署，2006，水框架指令生物分类工具监测结果的不确定性估算。在这本书中Julian Ellis对分类进行了详细的分析。全文详见附件2，图5.1是其封面。

英国环境署，2007，水框架指令分类—多质量要素和空间定义规则相结合，参见附件2，图5.2展示的是封面。

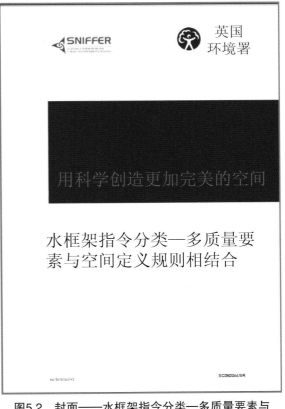

图5.1　封面——水框架指令生物分类工具监测结果的不确定性估算

图5.2　封面——水框架指令分类—多质量要素与空间定义规则相结合

23

6.具体方法案例

6.1 英国

6.1.1 河流无脊椎动物分类工具

针对《欧盟水框架指令》分类，英国水框架指令技术顾问组编写了河流无脊椎动物监测的导则。图6.1的文件充分参考了英国河流评估方法。英国技术顾问组，2008，英国技术顾问组河流评估方法——底栖无脊椎动物。全文详见附件5。

从英国技术顾问组原文中摘录的内容有助于理解无脊椎动物分类导则的核心要素。

● 顾问组方法描述了与水框架指令(2000/60/EC)的第八章、附件2的第1.3节、附件5要求一致的对河流进行监测评价和分类的监测体系。该方法称为河流无脊椎动物分类工具（RICT）。

● 该方法可应用于英格兰、北爱尔兰、苏格兰和威尔士。

● 该方法使对质量要素条件的评估成为可能，"底栖无脊椎动物"，列于水框架指令的附件5表1.2.1。

● 该方法是设计用来监测质量要素受有机物浓度的影响，同时，质量要素也对有毒污染物敏感。它也可能监测其他压力或者一组压力对质量要素的影响。

● 河流无脊椎动物分类工具使

英国技术顾问组河流评估方法
底栖无脊椎动物
河流无脊椎动物分类工具(RICT)

水框架指令-英国技术顾问组(WFD-UKTAG) 著

Page 1 of 93

图6.1 封面——英国技术顾问组河流评价方法——底栖无脊椎动物

用参数评估质量要素的条件：

　　○　分类数；

　　○　分类平均值（ASPT）。

●参数表明有机质浓度对质量要素的影响。它们是根据大型底栖无脊椎动物物种和种群信息计算出来的。

6.1.2　河流无脊椎动物预测与分类体系以及其他无脊椎动物评估方法

英国河流无脊椎动物预测与分类体系（RIVPACS）是英国技术顾问组指导文件的核心内容，为满足《欧盟水框架指令》的要求，已对该方法进行了修订和完善。该方法的关键参考文本如下：

Wright J., Sutcliffe D. 和 Furse M. (eds) 2000. 淡水水域的生物质量评估。河流无脊椎动物预测与分类体系及其他技术。淡水生物学协会，英国安布尔塞德坎布里亚郡。

该书回顾了河流无脊椎动物预测与分类体系以及世界上其他类似的方法，例如澳大利亚的AUSRIVAS方法和加拿大的BEAST方法，北美的多种度量方法，荷兰、瑞典和西班牙的生物评价方法和人工智能技术的应用都包括在内。对于那些从事水生生物评价方法研究的科学家以及那些从事自然水体或受影响水体管理的人员来说，这本书是必备的参考文本。同样，对于希望了解更多关于无脊椎动物评估淡水水域生物质量的学生来说，这更是一个宝贵的资料来源。

英国生态和水文中心（CEH）设有数据库，下面的引用网址将提供河流无脊椎动物预测与分类体系进展的最新信息。

http://www.ceh.ac.uk/products/software/ObtainingtheRIVPACSDatabase.html

6.1.3　评价生态状况的硅藻

硅藻是一个关键因素，用以评估来自土地利用和污水处理厂以及富营养的工业废水排放导致的富营养化。

英国承担了大量的重点研究项目，以开发出适合《欧盟水框架指令》的方法。关键文本是，英国环境署，2008，科学报告：SC030103/SR4，利用硅藻评估英国淡水生态状况。图6.2显示的是该书封面，全文见附件5。

图6.2　封面——利用硅藻评估英国淡水生态状况

以下是该书摘要，可从中对全书概况有一个了解。

英国为承担其义务而将底栖植物纳入淡水生态状况评估中，该书描述的是基于硅藻的工具开发和测试。针对河流和湖泊已经分别开发了单独的工具，它们有许多共同的特点，包括一个共同的概念基础。新的工具基于硅藻营养指数（TDI），已经被英国的法定机构用来监测河流的富营养化。

该模型的概念框架是基于英国无人为压力情况下，河流和湖泊的生物膜状态的定量和定性的"可视化"。这个框架认识到，生物膜是动态的，现存类群的组成和多样性短时间内在不断变化着。水文情势和摄食压力尤其会影响底栖动物且会导致大量的内部扰动，特别是在流动水域。

河流的参考样点是由反复的筛选过程确定的，包括养分含量（氮和磷）和一个健康的无脊椎动物群。此外，具有硅藻营养指数的样本表明人为的富集作用已消除，即使其他的筛选因素并未显示这一点。

对河流中"预期的"硅藻营养指数值，采用两套体系进行了测试，一个体系是基于特定类型预测，而另一个则是基于样点的预测。前者使用多元回归树（MRT）来定义在英国流动水域中发现的硅藻集群的四种类型，在碱度和海拔高度的基础上分类。后者使用纳入碱度和季节性的多元回归方程来预测单独的站点硅藻营养指数值。后者参考样本中方差为33%，而使用基于类型的预测其方差为10%。

特定站点预测误差较低，建议将来使用这个系统。使用硅藻营养指数值的特定站点预测，可以对数据库中所有样本进行EQRs（生态质量比率）计算。优—良状态边界定义为所有参考样点生态质量比率的第25个百分点；良—中界限位于属于营养敏感和营养耐受类的比例大致相等点（交叉点），对剩下的生态质量比率值再进行等分就得到更低层次的状态等级界限。

根据碱度不同，将湖泊分为三种类型，再结合古生态技术和专家判断建立参考样点。通过校准，设立了一个单独的指标——湖泊营养

硅藻指数（LTDI），除非是要为每个湖泊类型定义一个单独的参考LTDI值，TDI和EQR值可以参考河流计算方法得出。同样，优—良状态边界定义为所有参考样品的第25个百分点，而良—中界限位于交叉点。对于高碱性（HA）湖泊，这种方法行之有效，而对于中等碱性（MA）湖泊则适用性要差些。

然而，对于低碱度（LA）湖泊，很少有站点的EQR值低于交叉点，即使有其他来源的证据表明，湖泊生物变化EQR值较高，相对而言，沿湖底栖植物似乎更能抵御变化。

对于这些值的时空变化，并由此用河流EQR预测相关的不确定性（对湖泊进行类似测试的数据太少）。河流硅藻群的空间变异性高于湖泊，并且时间变异性也很明显。将这些变异性转换成不确定性估算值，表明中等置信度大于

95%，需要六个时间段。

但是湖泊方法可以通过采用空间和古生态研究相结合的方法来进行验证，河流方法是利用当代空间数据开发出来的。为了证实硅藻集群随着时间的迁移发生变化，且这些变化受营养驱动，我们将1930年以前收集的常见大型水生植物标本中的硅藻剔除出来。在某些情况下，标本时间超过100年。与当代硅藻相比，几乎所有标本集群都表明当时营养浓度低得多。

这两种工具已经过广泛的测试，在瓦伊河和艾克斯河对河流工具进行测试，在区湖对湖泊工具进行测试，均有报道公布了这些测试的结果。

6.1.4 鱼类分类方案

利用鱼类评估淡水河流状态的例子，参见英国技术顾问组，2008，英国技术顾问组河流评估方法——鱼类。图6.3展示的是封

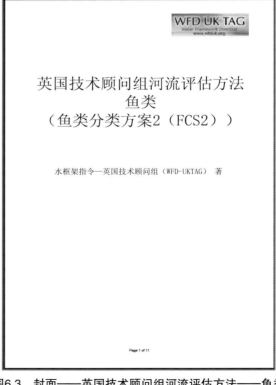

图6.3 封面——英国技术顾问组河流评估方法——鱼类

面，附件5提供了全文。整个欧洲都开发出了类似的方法。

以下摘录为阅读和了解全文提供了一个概貌：

● 技术顾问组鱼类方法提供的是与附件2第1.3节第八条和水框架指令附件5（2000/60/EC）要求一致的监测、评估和分类的监测体系；

● 该方法适用于英格兰和威尔士的河流；

● 该方法使得评估质量要素中的"鱼类"成为可能，列于水框架指令附件5表1.2.1；

● 该方法用来监测所有压力对质量要素的影响；

● 指标由在英格兰和爱尔兰最常见的23种鱼类组成。为了建模，这些物种对环境干扰耐受性分为低、中、高三种。

6.2 荷兰

在荷兰，所有地表水分类由Alterra研究所和RIKZ (Elbersen 等，2003)开发。荷兰河流类型见表6.1。

在荷兰，对所有水体类型和所有生物质量要素的评估方法都由STOWA（所有水事合作研究中心）在诸多专家的帮助下建立，其成果被定为国际规范。图6.4是文件封面，文件全文见附件5。

图6.4 荷兰的评估方法

表6.1 荷兰河流类型(Elbersen 等, 2003)

来源、坡度	地质情况	河道宽度（水流表面）		耐久性、潮湿	代号
地下水渗漏				干涸	R1
				干涸	R2
<1 m/km，<50 cm/s	>50%硅质	0~3 m（0~10 km²）		干涸	R3
				干涸	R4
		3~8 m（10~100 km²）			R5
		8~25 m（100~2 000 km²）			R6
		>25 m（>2 000 km²）		无潮汐	R7
				有潮汐	R8
	>50%钙质	0~3 m（0~10 km²）			R9
		3~8 m（10~100 km²）			R10
	有机质	0~3 m（0~10 km²）			R11
		3~8 m（10~100 km²）			R12
>1m/km，>50 cm/s	硅质	0~3 m（0~10 km²）			R13
		3~8 m（10~100 km²）			R14
		8~25 m（100~2 000 km²）			R15
		>25 m（>2 000 km²）			R16
	钙质	0~3 m（0~10 km²）			R17
		3~8 m（10~100 km²）			R18

6.3 欧洲合作项目

6.3.1 STAR项目——河流分类标准化

欧盟11个成员国（如英国（负责协调）、奥地利、捷克、丹麦、法国、德国、希腊、意大利、荷兰、葡萄牙和瑞典）和3个（当时）新建立的国家（如拉脱维亚、波兰和斯洛伐克）组成STAR项目。STAR代表河流分类标准化。

项目背景如下：

在欧盟及新建立的国家，河流评估正应用各种方法着手实施。化学方法是一些国家（如波兰）仍在使用的唯一的基本方法，除此之外，大量的使用特定生物群的指标方法也正得以应用或正在发展。底栖大型无脊椎动物广泛应用于河流评估。然而，在一些欧盟成员国和国家科学院，底栖藻类已经起着重要的作用（例如意大利的EPI-D，捷克的CSN 757716，奥地利的营养状况指标）。这些评估方法被证明在这些国家中最行之有效，但一致被认为并不是最好的。

在2000年12月22日正式出版的《欧盟水框架指令》（第2000/60/EC号指令——在水政策领域建立一个共同行动框架），给出了评估各种水体的框架体系。水框架指令所要求的评估体系的一个重点是，使用生物指标（大型底栖动物、鱼类和水生动物群）。生态状况需要在一个近自然的参考条件基础上加以界定。因此，多数欧洲国家必须在不久的将来改进或拓展其评估体系；有些国家需要采取或者开发全新的迄今未在该国得到应用的评估体系；其他国家还只能使现有的基于底栖大型无脊椎动物的评估方法去适应指令要求的框架体系（如德

国、瑞典）。在几乎所有的国家，都必须采用新的鱼类和水生动物群评估体系。因此，各国及一些国际项目都在开展大量的评估体系开发和改进工作。

然而许多新方法的开发可能与框架指令的重要目标不相容：为使未来能够达到具有可比性的河流水质，欧洲所有河流的评估结果必须具有可比性。因此，必须以标准化的方法进行评估，或者至少评估方法的相互校准必须统一和标准化。

遗憾的是，并不是所有河流评估协议的细节都符合国际标准。一些关于无脊椎动物的采样标准已经有了（例如ISO 7828、ISO 8265和ISO 9391），但是除关于生物数据解释的基本指导文件（ISO 8689）外，评估体系的国际标准尚未建立（计算方法、等级界限设置和质量保证）。评估方法的标准化目前仅限于国家标准，例如德国的DIN 38 410 Teil 2、奥地利的ÖNORM M 6232和法国的AFNOR NF T-90 350。

因此，迫切需要建立河流评估的国际标准，否则，可能会无法实现水框架指令的目标，整个欧洲河流评估结果具有可比性也无从谈起。在将来，如果想升级成欧洲标准(CEN)，这些方法将服从标准化。这必须得到国家标准机构（例如DIN、BSI、AFNOR）和他们的专家认可。这一必要性不仅适用于欧盟成员国，也适用于打算应用水框架指令的新建立的国家。

在考虑未来方法标准化时，必须考虑到"现实情况"和欧洲各国的不同情况和传统：

- 已有评估方法不可能改

变，如英国的RIVPACS、法国的IBGN、奥地利和德国的污水生物系统、荷兰的EBEOSWA和意大利的IBE，现行的国家标准不可能改变。因此，结果的可比性只能通过相互校准来实现。

- 可能一些国家会继续使用许多现有的评估方法，但这些方法不能完全满足《欧盟水框架指令》的要求，那就需要对这些方法进行适用性改进，还要开发出将结果转换成《欧盟水框架指令》所要求的等级划分。得出的结果还必须与参考条件相关。至关重要的是，这一步骤要求未来使用的所有方法都必须具有可比性。

- 虽然已有一些方法能部分地满足水框架指令的要求，但还是在开发一些其他的方法，尤其是在那些没有长期采用生物标准进行河流评估的国家。当前正在开展的诸多项目都是试图开发出基于大型无脊椎动物的方法，其中较大的项目就是AQEM项目。其中一些方法正在考虑定义退化分类，然而这些方法在未来的应用很大程度上取决于它们是否标准化。

- 河流评估的鱼类、大型植物、浮游植物和底栖植物方法更少，可获取的数据也更少。但水框架指令却要求评估方法必须将这些类别都纳入考虑。在欧洲范围内，鱼类和底栖植物野外监测方法正在制定之中，且委员会草案和草案标准也都有了。但是，在水资源管理标准中，相比于大型无脊椎动物和几个用来计算有效指标并将其结果转化为退化级别的常用方法来说，这些类别不太常用。实际上，鱼类和水生生物不可能像大型无脊椎动

物那样广泛地应用在未来的河流评估之中。但是，为了将所有获得的生态数据的信息内容结合起来，需要对那些已建立的和标准化了的方法进行整合，并对从不同生物种群获得的结果进行相互校准。

项目目标如下：

欧洲大量的河流评估方法，为所有压力类型和地理区域制定有效的生物监测和河流评估以及测度指标的开发提供了巨大的机遇。但是，需要考虑的各种生物的类型多种多样，目前采用的方法更是五花八门，这些都为各国之间的统一解读和生态状况的确定设置了很大的障碍。考虑到这些有利因素以及潜在的问题，相互校准和解释的标准化以及生态状况的确定对于水框架指令的实施至关重要。

在选择指标测度时需要解决一些问题，该项目旨在通过利用来自很多案例河流类型所得到的信息来解决这些问题，这些案例在欧洲很具有典型性。根据建议解决以下一系列问题，"方法"一词既指野外方法，也指评估或计算方法。

（1）何种方法或者生物群能表明存在一定的压力？

在欧洲，水框架指令为河流评估提供了很好的机会，采用不同生物群对压力的不同反应来进行评估。鱼类、大型底栖动物群和底栖植物对不同环境变化所产生的反应也不相同。不同的野外采样方法和计算方法可以识别对各种压力的不同反应，即使同一特定生物群，反应也会不同。这导致了对应激—反应关系的初步认识，因此有利于对评价方法和分类方法进行标准化，找出哪种评价方法和分类方法适用于确定哪种河流类型和地理区域受到哪种干扰的影响。

（2）方法与其适用尺度的对应？

水框架指令提议的生物群显示不同尺度的环境变化。鱼类可能适用于河段尺度或流域尺度，而大型底栖动物的变化能更好地显示站点这个尺度的变化，底栖植物可能适用于观察更小的尺度。但是，某个生物群所适合的尺度也取决于影响河流的压力类型。因此，需要进一步规范生物群或群落在哪种客观环境下适用于何种尺度。这种理解有助于提出一些建议，以决定如何将监测计划与采样网络进行整合，以便对不同尺度水平和空间分辨率做出高效的评估。为了了解何种尺度下何种分类群会对压力影响产生反应，必须采取试验性的套抽样措施。

（3）何种方法适用于早期和晚期预警？

除空间维度外，不同的生物群还可以表征不同时间维度的变化，即给出早期和晚期预警的不同信号。鱼类可能适合晚期预警，因为它们的生命跨度相对较长。如果生态系统的压力来自富营养化，那么着生生物可能是"首选"的指示生物，因为这个种群相对于大型无脊椎动物、大型植物或鱼类群落来说，对富营养化的响应往往更为迅速。将早期和晚期指标相结合应该能降低变化未被检测出的概率，该领域有待于进一步的研究。因此，需要进行标准化，以决定应该使用哪一种群或者种群组合来检测不同的变化。

该项目旨在了解不同生物群对不同影响的反应差异程度，以及推荐使用哪种标准方法，用哪种特定生物群或生物群结合来检测不同的变化。

（4）如何将不同评估方法产生的数据进行比较和标准化？

这个问题特别针对使用相同生物群的方法，例如，如何将采用英国RIVPACS法和欧洲AQEM法或其他国家的方法所得到的结果进行比较和综合，从而根据欧洲环境退化等级，得出可比的站点分配。

为了解决这个问题，STAR的目标是从两种常见的广泛分布的关键河流类型获取一整套数据。为此，将对约300个地点进行采样。

（5）不同的评估方法受误差影响如何？

在环境评价项目中对指标进行评估时，有很多问题需要解决，但实际上却很难解决，如：指标是否始终能在影响发生时检测到（低漏报率或II型错误）？它们是否显示出有影响但实际上却没有发生（高误报率或I型错误）？算法是否具有统计学合理性？可以检测到的最小差异是多少，置信度是多少？研究显示，错误率是相当高的，尤其是II型错误（Johnson，1999），这意味着实质上退化可能正在发生但却没有被检测到。

STAR项目将处理很多混淆检测能力变化的因素。特别是将重点放在指标可变性和识别能力上，以及对使用单一指标和指标组合是多余还是不足进行评估。

为了从未来的标准协议中选出最合适的方法，需要很多信息，以确定这些不同类型的错误在多大程度上影响到采用不同生物群来进行评价的可靠性和精度，而其中样品间差异的影响又占多少。项目将通过对硅藻、水生植物、大型无脊椎动物和水文地貌调查的试验性、重复性采样来解决这些问题，而鱼类采样效率取决于采用哪种捕获方式。

（6）如何能将"信号"从"噪声"中区别开来？

应用生态学家所面临的主要挑战之一，是如何从自然空间或暂时性的变化（噪声）中将感兴趣的结果（信号）分离出来。在这里我们将"检测影响"定义为"当变化发生时能检测出变化的科学，并且有信心认为，如果没有检测到变化，那就表明实际上什么都没有发生"。尽管有许多因素影响我们检测影响的能力，但检测结果的重要性和指标的方差是最重要的两个因素（图6.5）。需要知道如何估计"噪声范围"以及如何减少噪声。

（7）哪些需要标准化，哪些必须标准化？

必须对评估方法进行标准化。

对于选定的流域，我们的目标是得到哪一生物群和哪一种评估方法是最适合用于：

● 指出干扰的不同形式；

● 提供环境压力的早期或晚期警告；

● 在不同尺度上运行；

● 提供受误差和噪声影响最小的信息。

（8）如何使大型无脊椎动物样本的野外采集和处理费用以及实验室费用的效益达到最优？

从方法上来讲，标准化还必须同时考虑不同野外和实验室方案的相对花费和生态效益。要考虑不同大型无脊椎动物方案的费用效益，并且将重点放在采样技术、分类过程的效率、鉴定步骤（尤其是每个组必须确定多少样本，到何种程度

和在什么时间限制内）以及数据处理技术方面。

这些研究将在荷兰的低地河流和斯洛伐克的高地河流进行。在研究中，精心选择了各种不同的采样点和河流类型，以此来测试广泛的适用性，这项研究最初是STAR启动项目WP11的一部分，现在分给一个单独的工作包(WP16)，以更好地呈现其目的和结果。

（9）物种特征分析能否为建立参考条件和生态状况评估提供一个统一的步骤？

在统一的泛欧洲规模上实施水框架指令，存在着以下三个现实的和科学方面的困难：

● 在每个生态区域，参考条件并不总是适用于每种河流类型；

● 对于许多物种的分类和生态要求知之甚少；

● 适用于一些生态区域的指标在其他的区域不一定有效。

最新出版的研究（如 Statzner 等，2001）已经证明，使用物种特征分析能克服这些问题，基于功能的方法替代了基于群落分类组成的评估。NAS建议的其中一个目标是，测试物种特征分析的适用性，看其是否适于成为一个统一的方法，以建立基于功能的参考条件以及进行生态状况评估，附带的目标是：

● 为特征还未完全分类的大型无脊椎动物类群建立一个物种特征数据库；

● 建立硅藻特征库，可能的话，建立其他生物群的特征库；

● 为分类和特征分析建立最高效的分类级别（种、属、科）和丰度体系。

（10）如何更好地设置水框架指令确定的五种生态状况等级之间

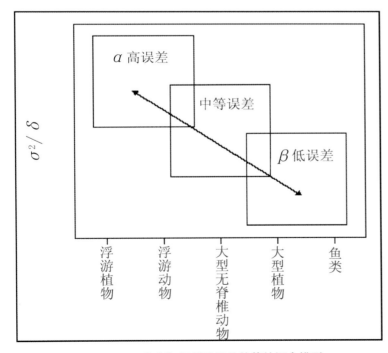

图6.5　已选指标组假设误差估算的概念模型

指标方差变化比率作为统计代表值标绘于选定指标组。A错误＝I型或误报率错误，B错误＝II型或漏报率错误

的界限？

该项目的一个目的是，在STAR项目中测试野外和实验室方案的基础上，调查和解释欧洲生态状况分级界限制定的标准程序。众所周知，最后的分级界限很有可能是由欧盟自己决定的。期望STAR项目的成果可以作为对欧盟的建议，并且在最终设置分级界限时，必须能够进行重新计算。在每种情况下，STAR项目研究的河流类型的参考条件可以精确设定。

（11）STAR项目的结果如何为统一欧盟标准提供建议？

为了有助于出台欧洲标准方法（CEN），有必要对何种方法（或者更确切地说，哪一种方法和生物指标的组合）适用于何种特殊环境提出建议。提出任何这类标准都必须考虑水框架指令的理念，它将使用一系列来自五个不同分类群的生态信息以确定水体的生态状况：鱼类、大型无脊椎动物、大型植物、浮游植物和底栖植物。因此，研究项目所考虑的首要问题是，生物指标要采用多指标测试方法，还要考虑对生态评价进行综合，要考虑的更高层面的问题还包括基于水的化学和水文地貌信息得出的水质评价。基于上述考虑，必须制定出一个多指标测试方法。

这些建议将有利于对提出内部校准的各种导则进行综合，并由决策支持系统提供补充，该决策支持系统为管理人员提供操作指南，以使他们对预先确定的河流类型、压力和管理目标采用最优的监测策略。

该项目的成果分成几个部分。STAR可交付成果（STAR河流类型和采样点）见附件5。

6.3.2 AQEM项目——采用底栖大型无脊椎动物的欧洲河流生态质量评估系统

AQEM项目和欧盟资助的STAR项目是打捆项目。它是欧盟资助项目，项目期限为2000年3月至2002年2月。AQEM是"欧洲河流生态质量的评估体系"的英文缩写，包括9个成员国：奥地利、捷克、德国、希腊、意大利、荷兰、葡萄牙和瑞典。AQEM评估系统是为实施《欧盟水框架指令》而设立的，提供了采用底栖大型无脊椎动物对欧洲河流进行生态质量评估的体系。AQEM文件包含在附件5中。

AQEM体系的目的是：

● 根据大型无脊椎动物列表，将河流等级分为从5（优）到1（劣）；

● 提供信息以找出造成退化的原因，以利于指导未来的管理措施。

与许多其他类似的项目相比，AQEM体系的提出是建立在一个新数据库的基础上，这个数据库覆盖28条欧洲河流的一般特征和动物群落。

AQEM体系

● 将河流分为从5（优）级到1（劣）级；

● 找出可能的退化原因。

根据水框架指令的要求，AQEM应用了河流详细分类方法，特别是在欧洲范围内必须这样做，因为在一条瑞典高原河流和一条意大利低地河流里，栖息的大型无脊椎动物群落大不相同。

因此，在与参考条件相比较的基础上，对于每一种类型的河流，都应采用不同的计算方法。但该系统遵循的评价方案始终是一样的，而且每一种河流类型的具体方法也都符合通用的评估框架。

该框架可定义如下：

● 压力型方法：对于每一种河流类型，目前评价影响河流的"主要"退化因素，可能是酸化（例如瑞典北部），河流地貌的退化（例如中欧），或者有机污染（例如欧洲南部）。在有些案例中，对多个压力分别进行评价，再对每一步骤的结果进行综合，得到最终评价结果，或者通过评价能解决"普遍退化"问题。

● 多指标测试体系：对于每一种河流类型，分别确定其计算方法，最好能具体指出哪个站点出现退化。将各种计算方法得出的结果综合成一个"多指标方程式"。

● 将多指标测试的结果转换为从5（优）到1（劣）的最终得分。

AQEM项目的成果有：

● 分类数据库；

● 分类关键值列表；

● 软件（数据存储，评估方法）；

● 采样和评估软件手册；

● 背景文件——不同河流评估方法经验和使用大型底栖无脊椎动物的河流评估综合方法的大纲。

6.3.3 FAME项目——欧洲河流生态状况鱼类评估方法

类似于AQEM，FAME项目和欧盟资助的STAR项目（"河流分类标准化：在水框架指令提出的生态质量分类的基础上，对不同生物调查结果进行校验的框架方法"）一起打捆。FAME代表欧洲河流生态状况鱼类评估方法。

FAME项目的目的是为了实施《欧洲水框架指令》，开发鱼类评估方法，并据此评估河流生态状况。

该方法的提出是以美国20世纪80年代早期建立的生物完整性指标为基础的，其基本原理是由一系列不同的参数描述鱼类，这些参数以一种倒推的方式对人为改变作出反应。

对两种不同的开发方法进行测试：特定类型空间方法和特定站点方法，最终得出了生态状况评估的几种方法。FAME工具的准确性和一致性的统计学测试，以及FAME方法和现有区域或国家方法的对比结果表明，特定站点方法与其他所有的方法一样准确。由于它可以只用单一的标准化的方法对整个欧洲的生态状况进行评估，这个方法最终被选定为FAME评估方法：这就是欧洲鱼类指数。

欧洲鱼类指数是FAME项目提出的一种欧洲河流生态状况的鱼类多指标评估方法。欧洲鱼类指数的原则是：

（1）为每一最近的采样点预测参考条件，通过输入13个非生物的选址和采样变量对10种参考测试指标进行模拟。在对近200个备选指标进行了测试以后，最终选出了这10种作为最合适的测试指标。就功能而言，这些指标包括：

● 鱼类的营养结构（食虫类和杂食性动物的物种密度）；

● 繁殖种群（物种密度，岩表植物物种的相对丰度）；

● 自然栖息地（底栖和亲流性的物种数量）；

● 耐受性（耐受以及不耐受物种的相对数量）；

● 洄游鱼类行为（长途洄游，河川性洄游物种）。

（2）根据采样的个体，计算观测的指标。

（3）使用剩余量来衡量参考指标的观测值与预期值之间的偏差。

（4）将偏差转换为概率，判断该指标是否属于该参照系。

（5）计算出10个概率指标的均值作为最终的指数值。

为了支持水框架指令的特定类型方法，确定欧洲鱼类品种是FAME评估程序的一部分。这些鱼类品种是根据11个不同生态区域的尚未退化或略有退化的采样点确定的，总共确定了15个欧洲鱼类品种。导致这些鱼类品种不同的非生物变量有：海拔高度、坡度、平均气温、与河流源头的距离、湿地宽度、主要河流区域、导电性、生态区域和地理位置（经度和纬度）。这些变量也可以用来预测新采样站点的鱼类类型。

在FAME项目中，开发了几种工具，可以在运行监测中应用FAME评估方法：

● FAME软件是计算EFI和EFT的常规软件；

● FAME软件手册提供了关于EFI和EFT的基本介绍，并有对软件的详细描述；

● EFI和EFT的空输入文件支持将正确的数据组织和结构输入到FAME软件中；

● 2个表格的现有采样数据以备测试和熟悉软件，在FAME项目期间，对现有数据抽样调查以测试标准采样步骤；

● 数据输入FIDES数据库（欧洲河流鱼类数据库）手册；

● 标准采样方案（FAME联合小组，2004）。

7.野外监测方法和指南

7.1 概况

如何将政策和理论应用于具体的实践才是最关键的。野外监测方法和采样分析将为河流管理决策提供基础信息。收集野外信息也比较昂贵，但是比起接下来的基础设施投资、管理以及法规实施的费用要低得多。因此，必须保证采取准确的、经济有效的、能提供足够信息的监测方案和程序。

为了应对现实中的各种不同情况，野外监测方法必须是可重复的和灵活的。因此，为保证监测的有效性，监测机构、环境部门和商业监测公司已经投资开发了操作手册、野外监测指南以及开展了培训。

化学监测和流量监测的野外采样方法、质量保证和指南都已经建立了，但生态、生物监测和野外监测才刚刚起步。为达到《欧盟水框架指令》的要求，也开发了相应的生态和生物监测的方法以保证质量和一致性。下面将基于英国环境署操作手册对此作简要介绍。这些是对STAR项目、AQEM项目和FAME项目中的欧洲指南的补充。全文参见附件5和附件6。

7.2 大型无脊椎动物采样指南

英国环境署为河流大型无脊椎动物采样人员出台了详细的指南。这是为正式培训相关人员，确保全国各地监测结果的一致性而制定的一系列操作手册中的一部分。

如需详细信息，请参阅英国环境署，2009，操作手册018_08，河流中淡水大型无脊椎动物采样。封面见图7.1。全文见附件6。主要要点概括如下。

在AQEM系统应用手册中，也有关于大型无脊椎动物采样方法的描述，封面见图7.2。

图 7.1 封面 ——河流中淡水大型无脊椎动物采样

有关整个欧洲具有底栖无脊椎动物的河流
生态质量综合评价系统的开发和测试

AQEM系统应用手册

为欧盟水框架指令开发的，评估具有底栖无脊椎动物的欧洲
河流的综合方法。

2002年2月，版本1.0

由AQEM联合小组开发和编写

AQEM是第5届框架规划能源、环境和可持续发展的项
目。
关键行动1：可持续性管理和水质。

编号：EVK1-CT1999-00027

www.aqem.de

图7.2　封面——AQEM 系统应用手册

7.3 监测频率

监测频率取决于很多因素。在欧洲，通常默认的监测频率见表7.1。中国的监测频率需要根据季节和当地条件来确定。

表7.1　　　　　　　　　　　　基础生态监测

参数	频率
大型无脊椎动物	适当年份2次(3~5月，9~11月)
大型无脊椎动物(仅适用于威尔士的酸性水质)	适当年份1次(3~5月)
大型植物	适当年份1次(6~9月)
硅藻	适当年份2次(3~5月，9~11月)
河流栖息地调查	适当年份1次(4~9月)，监督监测(必须每6年一次，下一轮是2015年)

7.4 采样布点

采样点布设覆盖整个"采样区"和更大的"调查区"，所有采样点的自然特征必须大体相似。采样点的自然特征必须尽可能自然，保持本河段内相似，并且能代表这个河段。RIVPACS或其他工具得出的预测都是基于自然条件下的动物分布。

采样点必须避免：

●靠近人工设施，如大坝、桥梁、浅滩、堰坝或牲畜饮水区；如果不可避免，采样点必须能代表整个河段。将所有人工影响记录在野外资料收集表上，并对其进行数据分析。

●紧靠河流交汇处的下游，或者水体未得到充分混合处。

●靠近内河湖泊和水库的影响范围。

●处于疏浚河段或定期清除水草的河段。

●位于隔离的栖息地，如河段中非正常的浅水区；隔离可导致无脊椎动物群落多样性降低，RIVPACS以及其他工具可能会对较高多样性的动物群落作出预测，而监测区无法满足此条件。

●处于网状河流或分段河流。

如果采样点无法选择，例如，在网状河流地区，在最大的自然河道中采样。

●以基岩为主，很难采到无脊椎动物样本。

调查区的长度必须是采样区再向两侧各延伸7倍河宽的长度，或者采样区的两边各向外延伸50 m，如图7.3所示。这样可以减少每次所采样品间的差异，因为不能保证每次采样都跟上一次的采样精确在同一点上。调查监测需要采样点分布更密集，例如，那些以保护为目的的调查，或者需要重复采样的调查，范围更应扩大。

AQEM指南(AQEM联合小组，2002)中，对采样区域中栖息地的选择方法提出了建议。该方法参考了Barbour等(1999)的文献，重点针对一个多栖息地的区域如何根据其在采样河段的分布来按比例布置采样点。

一份样品包含20个"平行样"，采样必须覆盖所有的微生境类型，且覆盖率不低于5%。一

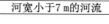

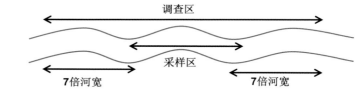

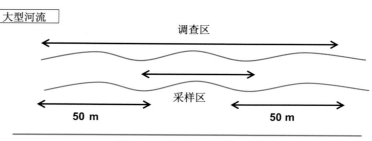

图7.3　采样点及调查区域划定

个"平行样"是一份通过布网和干扰培养基而获得的样品，干扰间距等于网格上游框宽的平方(0.25 m × 0.25 m)。20个"平行样"必须根据微生境的比例进行分布。例如，如果采样河段中的生境50%是沙地，那么，必须从该地采10个"平行样"。这个步骤要求大致在1.25 m²的河底区域采样。图7.4是图解。

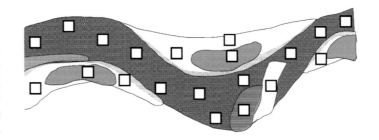

图 7.4 根据AQEM"多生境采样"方法的理论采样点中平行样分布
(AQEM联合小组，2002)

7.5 确定采样方法

大型无脊椎动物的首选采样方法是三分钟池塘布网采样法，如7.5.2中所述，再加上一个一分钟手册查询。这是指踢网采样，尽管它经常包含扫网采样。

如果这个首选方法不可行，就采用深水方法：

• 底泥采样器——Naturalists底泥采样器，如7.5.3所述；

• 空气提液采样器，如7.5.4所述。

对于某一采样点，不要同时采用池塘布网采样法和深水采样法。同一采样点采用同一方法，以确保样品间的可比性。

7.5.1 如何选择最佳采样方法

图7.5显示了如何确定最佳的无脊椎动物采样方法。

7.5.2 三分钟池塘布网采样法

用一个标准的淡水生物协会(FBA)类型的长柄网进行踢网或扫网采样。图7.6显示的就是这种标准网。不同生产商生产的网和框架会有细微差异，但都具备下列基本特性：

• 网框底宽20~25 cm，高 19~22 cm；

• 定期检查框底，勿弯折，否则会降低采样效率，薄铝框易折；

• 用50 cm深的网，网孔较大，不易堵塞；

• 网柄约1.5 m长，深水区所用网柄可更长些，例如，从较深河流中采集样品可用柄长些的网，但不建议都用这种。

7.5.3 Naturalists底泥采样器

用一种轻型 (约2 kg)的采泥器，带一只改过的采集网或者小一点的网。如图7.7所示为一个naturalists底泥采样器。

（1）Naturalists底泥采样器要求

• 最重不超过10 kg；

• 只有在用轻型底泥采样器不合适的特殊情况下才采用中型naturalists底泥采样器(约5 kg)；

• 使用中型naturalists底泥采样器时，标上最大采样刻度(相当于10 kg——采样器加上样品)。

（2）采样地点选择

采样的效率取决于河床特征和其他因素，如：

• 砾石河床，所需拖网较少；

• 沙质或泥炭河床，网孔会堵塞，网中积满泥沙或碎石；

• 鹅卵石河床，采样器难以附着河床而滑过河床；

• 如果有大的砾石或其他碎片，采样器可能会被勾住，挡住水流，游得快的动物会逃脱；

• 以基岩为主的河床或者是河床被黏土淤塞，用采样器很难采样，可能采到的样品不合适；

• 以下情况也可能导致所采样品不合适：

○ 采样技术差；

○ 网抛得不够远；

○ 水流过快时紧接着就采样。

在这种情况下，从上一次采样点会采集到合适的样品。

采样点必须满足下列两个条件：

• 主河道中可接近的生境必须采样；

• 底泥采样器中从采样点所采集到的物质的量至少达到一个标准网样品量。

7.5.4 空气提液采样器

仅约克郡空气提液采样器适用于该步骤。图7.8是一个空气提液采样器的照片。

（1）空气提液采样点的选择

空气提液采样器最适用于砾石或石质河床。

在砂质河床上，必须紧握采样器以防其快速沉到砂下，否则的话，就会堵住水流，采样器就无法

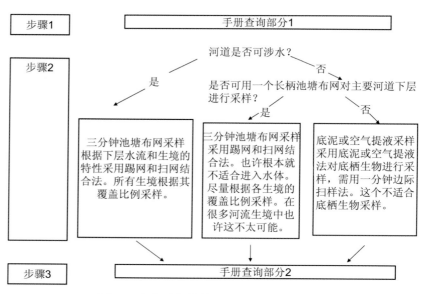

图7.5 如何选择最佳的无脊椎动物采样方法

使用。空气提液采样器不适用于泥质河床，因为网很快就会被淤泥堵塞，采样器就会被埋到泥沙下面，对这样的河床就采用底泥采样器或者拖网法。在砾石上用这种空气提液采样器也不是很有效，必须让采样器越过砾石，以防陷到河底。

（2）空气提液采样器的使用

图7.9展示了空气提液泵的使用方法。

图7.8　空气提液采样器的照片

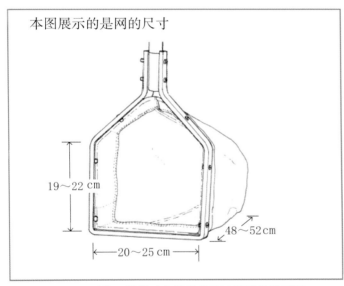

图7.6　采集无脊椎动物样品的FBA类型的长柄网

本图展示的是网的尺寸

19～22 cm

48～52 cm

20～25 cm

图 7.7　Naturalists 底泥采样器

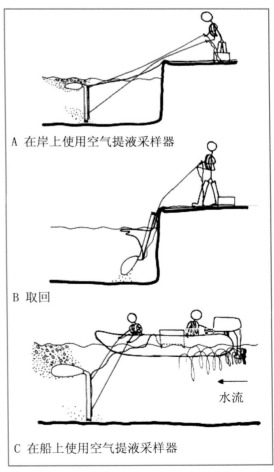

A　在岸上使用空气提液采样器

B　取回

水流

C　在船上使用空气提液采样器

图7.9　使用空气提液泵

7.6 野外采样步骤

AQEM指南给出了详细的野外采样步骤。详细的步骤如下：

（1）选择一个合适的采样点。

（2）采样之前，要完成采样点评估和野外数据收集表(见7.7节)；如可能的话，要保证采样点不受人为干扰。这样，采样后可以检查信息的精确性和完整性。

（3）在采样点协议所列的微生境中，必须保证采样覆盖所有的微生境类型，且覆盖率不低于5%，记录时，覆盖率间隔为5%(即记录为5%、10%、15%……)，其他所占比例小于5%的微生境仅需标明即可。

（4）估算一下微生境的覆盖率，确定每个生境中平行样的数量，并在采样点协议中标明。

（5）在河流下游末端开始采样，再转到上游。

（6）用网采集平行样时，用踢、抄、浸或扫等方法采样。

（7）冲洗：每采三个平行样(根据需要，可更频繁)冲洗收集到的物质。用清水冲洗网两到三次。如果出现堵塞，会影响采到合适的样品，清理出网中的杂质，在同一生境中选择另一地点重新采集平行样。

（8）如果调查河段中浅水区和深水区区分比较明显，微生境范围内水流和生境情况及动物群落将会显示出差别。这样的话，如果研究需要，浅水区采集到的平行样可以与深水区的平行样分开来存放和处理。通常情况下，浅水区与深水区因为重要性不同，平行样的数量是不一样的(例如，浅水区13个平行样，深水区7个平行样)。如果浅水区和深水区河段的比例估算起来比较困难(例如，不透水硬质护坡等)，最好的解决办法就是在浅水区和深水区各采10个平行样。

（9）清除和整理大块杂质：检查有无着生生物以后，要清除掉大的木块和石块。对发现的任何生物必须放到采样瓶中。一般来说，不建议在野外现场检查那些小的杂质，但那些大型或脆弱生物(例如浮游生物)，以及那些无法保存的生物(如寡毛纲三肠目)有一部分必须在野外现场清理出来，这类生物必须分选出来保存到单独的只含有机物而没有培养液的小采样瓶中。

（10）清除大型生物：大型和珍稀动物(如大的蚌类)，在现场很容易确认，必须从样品中清除出去，放回河中。

（11）筛选：样品必须经过一个粗筛(砂质基质河流1 000 μm；石岩基质河流2 000 μm)筛选才算完成。筛选可以在野外，也可以在实验室完成，如果某一具体的河流类型需要对细粒进行分析，就必须单独保存。

（12）保存：把样品从网中移到样品瓶中，样品采集以后立即用福尔马林(4%的最终浓度)或浓度至少为95%的乙醇溶液固定。这种固定形式可防止食肉动物特别是石蝇(Setipalpia)、甲虫(Adephaga)、石蚕幼虫(Rhyacophilidae)、泥蛉以及某种钩虾吞食其他生物。乙醇浓度保持在70%左右，如果用乙醇固定，必须先倒去样品中的水，然后再加入固定液。从网中取生物时必须使用钳子。采样瓶必须紧靠排列，样品必须冷水保存。在实验室中可以对生物样品进行整理。这些样品必须加液体保存，而且必须立即运到实验室，运输过程中要保持凉爽。

（13）标贴：在采样瓶上贴上标记(用铅笔写上，或激光打印机打印，或影印)。

（14）完善采样点协议：特别注意采样完成后有关微生境采样覆盖比例。对各种不同的微生境进行采样，沿河行走有助于保证评估更为精确。将已用过的采样设备进行标注，对采样条件进行备注，如水流急，岩石很危险，河流难以接近，或者任何不利于采样的条件。

7.7 监测野外数据收集表

图7.10是一份英国环境署的野外数据收集表。

生态监测点描述表用来评估采样点更多的生态要素。图7.11是英国环境署的一个案例表格。

图7.10 英国环境署野外数据收集表

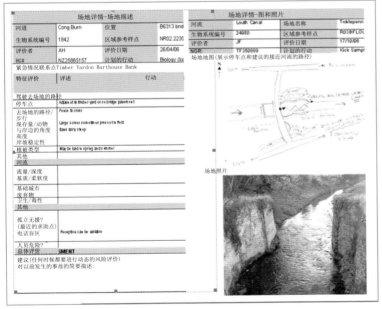

图7.11 生态监测点描述表

7.8 大型无脊椎动物样品的鉴定

英国环境署出台了有关滨岸带淡水大型无脊椎动物分析的详细指南。英国环境署，2009，滨岸带淡水大型无脊椎动物样品分析。封面见图7.12。全文见附件6。下面节选其中一部分以便对主要内容有一个大概的了解。

7.8.1 样品分析必须在实验室中进行

所有以标准方法采集到的样品，其整理、鉴定必须在实验室中而不是在野外进行。全部样品都必须保存，即使某些点没有发现动物。

以下情况除外：

• 对采样器采集到的样品进行分装时，野外现场对废弃物进行检查；

• 与污染事故有关的样品；

• 检查污染的影响，特别是出现死动物的情况；

• 如果必须对一标准样品进行快速的、临时性的评估，可以在野外对样品进行检查，但是任何情况下都不再做更改。

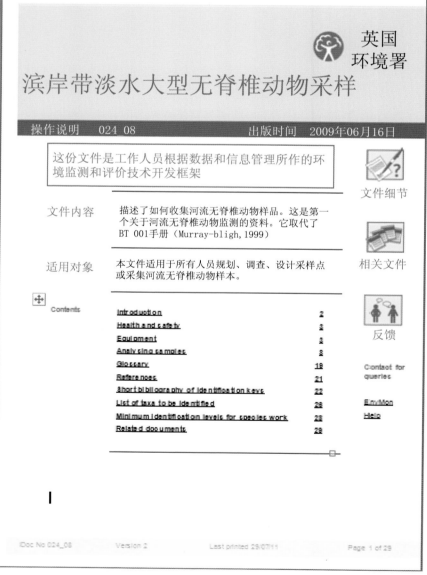

图7.12 封面——英国环境署大型无脊椎动物分析方法

7.8.2 样品保存

样品采集以后必须尽快整理和鉴别，理想的情况是在48小时内完成。样品必须在1~3 ℃保存。样品最多保存5天。

如果样品需要贮存，用70%工业用甲醇变性酒精(IMS)水溶液加5%甘油贮存标本以备检验或文献收集。

7.8.3 筛选、整理和保存(AQEM联合小组，2002)

为了保证精确性，大型无脊椎动物最好在可控实验室条件下进行处理。实验室处理过程包括筛选、分装、整理和生物鉴定。筛选和整理的所有步骤都必须在通风橱中进行。

（1）筛选

筛选前，整个样品必须通过一套筛网用流水轻轻清洗出细小的物质。软基质河流(砂质)用1 000 µm尺寸的筛孔为250 µm的筛子，石质或硬底河流用2 000 µm尺寸的筛孔为500 µm的筛子。此外，用粗筛保留石块和颗粒大于1 mm的有机质。图7.13是这些筛子的照片并附有标注。

通过筛选，将样品分成两部分：粗砂和细砂。

如果样品保存在很多样瓶中，这时必须把所有样瓶中的样品全部合到一起，一边清洗一边用手轻轻地混合使之充分同质化。清洗和去除掉细砂之后，在野外没有去除的大型有机物(整片叶子、细枝、藻类或大型植物垫层等)必须清洗、检查和去除。

（2）分选

处理样品前须将样品上的防腐剂用自来水彻底冲洗干净。

粗砂（粒径分别>1 000 µm和>2 000 µm)须在野外或实验室完全整理好(所有样品必须去除)，当某类样品多于500个的时候，需对此样品用区域方法再细分亚类。

如果定好了分类数的阈值，且在野外很容易确定分类，仅需收集那些需要鉴定的样品。评估系统中某些样品的丰度(如Cordulegaster和Dinocras的丰度，河流类102)时，对样品进行计数后再放回河中。

细砂(粒径分别<1 000 µm和<2 000 µm) 须在实验室用250 µm的筛子重新筛选，去除细小的杂质。细砂可用区域方法(7.2节)再细分亚类。细砂中至少需筛出500个样本。

在实验室中筛出的动物须进行系统的分离。所有的样品都必须由实验人员按照样品数据表记录并标明日期。采样瓶标签上所列信息都必须记到样品日志中。如果不止一个采样瓶，还需记下采样瓶的数量。为加强质量控制，所有的样品须在同一实验室中进行处理。

活体样本须在收集后尽快(绝对在48小时以内)整理和确认，包括活体样本的再分析在内，这期间必须使保存温度控制在4~8℃。未在此时间内进行处理或者未按此温度进行保存的活体样本必须作废，重新采集样本。

（3）整理盘

●必须是白色的，盘面平整，图7.14显示的是一个使用中的整理盘。

●将盘面用细线画出等分的12或16格，便于估算丰度及快速整理，用不褪色的笔画好等分线。浅蓝或中蓝色的线比黑线更好些，因为一些深色的动物更容易看清。

●我们建议通常用小整理盘(35~25 cm)。这会使你的注意力更集中，用起来更舒服些，因为你不需要侧身去看，姿势可以舒服些。

●大盘(45~35 cm)适合用来整理石块和较大的杂质，有些人所有的整理工作都愿意用大盘。

（4）保存

如果样品处理前要保存几个

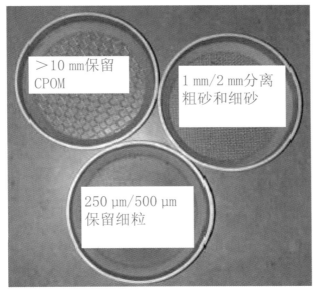

图7.13　用以分离粗砂和细砂的一套筛子

月，必须将样品从固定液(福尔马林)转到防腐剂(乙醇)中。野外分拣出的珍稀或脆弱生物在多次更换乙醇以保证样品中乙醇浓度后，保存在70%的乙醇溶液中。那些可能在其他的研究中需要用来做基因分析的动物样本需保存在96%的乙醇溶液中。

同样，实验室分拣出的动物也必须保存在70%(或更浓)的乙醇溶液中。理想的情况是将生物保存在注满乙醇的玻璃瓶中并用棉花塞塞紧。瓶中的气泡一消失，就将玻璃瓶放到盛有乙醇的更大的玻璃容器中，外套的玻璃容器要封紧。

样品须低温贮存，远离热源，存放于避光处，以免褪色。

如果要把样本发给外地的分类学家，邮寄时需注意避免损坏，所有信息要记录到发送样本的日志中。

7.9 采样过程中的健康和安全

AQEM手册对野外采样过程中的安全事项建议如下：

无论是设备操作，还是环境危害，野外工作总是存在一部分人体伤害的潜在危险，须尽一切可能降低野外工作风险。除科学因素外，在选择采样点时，也要考虑到安全方面的标准。

● 不要单独一人采样。采样时至少应有一人陪伴，可随时提供帮助。

● 同行的人要一直能在视线范围内清楚地看到采样人员。

● 如果采样点情况危险，就不要采样，而且你必须：

○ 不要在汛期到河中采样；

○ 气温过低的情况下不要采样；

○ 不要在过陡的或不合适的岸边采样；

○ 检查河床深度和稳定性；

○ 注意危险(碎玻璃，尖金属等)；

○ 无论是在较深的河中、堰坝上游，还是在深水区、水流湍急的河流中，或是在河底结冰的极冷的情况下，都要穿上救生衣。在下游放置一捆绳索，这样一旦采样的人落入水中被冲到下游，同行的人可以扔出绳索实施救助；

○ 穿合适的衣服，戴上橡胶手套。

预防措施如下：

● 出发前别忘记携带急救箱，并学会如何使用。

● 准备好最近的医生或医院的电话号码。

● 如果下班前野外人员仍未报到或签字，也联络不到此人，就启动已有的应急行动系统。

安全装备如下：

● 长靴或胶皮衣。

● 长及肘部或肩部的手套，最好臂部有松紧带。

● 救生衣(有资质的合格品)。

● 护目镜——配套使用。

● 绳索。

● 一套备用衣服，包括毛巾(采样人员每人一套)。

● 手机。

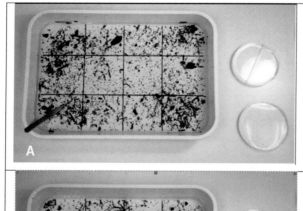
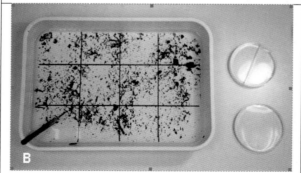

图7.14　滨岸带淡水大型无脊椎动物样品分析整理盘

7.10 生态和生物野外信息汇报

生态和生物调查信息的精确汇报和记录是很重要的。

调查信息可用来调查污染事故，汇报常规调查，为法院提供证据，作为环境影响评价(EIA)的一部分，或者为公众提供信息。

生物学家常被要求提供公众查询案件起诉或法规决策的诉求的专家证词。图7.15为英国环境署的"最佳实践"的报告。

生物调查×××坝, 2004年11月5日

作者：××××× ×××××生态评价官员

审查和批准：××××× ×××××技术专家生态评价

摘要：

根据××××× ×××××的要求，环境官员××××× ×××××和我对××××坝及其支流进行了生物调查，对一家鸡加工厂排放的废水对受纳水体的生态影响进行评价。

部分进行过处理的废水排入××××坝支流，已经进一步加大了河流系统中长期存在的有机物浓度，导致河流600 m范围内出现了"污水毒素"。对动物群落的影响主要是由于长期存在的有机物造成的，影响范围约300 m，也就是一半的长度。这种长期存在的有机物富集只能通过去除河流系统中的废水来加以解决，因为大部分时间内支流中的流量几乎全部是污水。

××××坝上游，由于路面污水排放和畜禽养殖，坝本身也受到影响，但程度要低得多。

227_08_8DC第2稿　　　发布日期：23/05/2008　　第1页（共3页）

图 7.15　生物调查报告的最佳实践范例

7.11 底栖植物采样指南

在欧盟资助乌克兰技援项目Dnister河下游流域管理规划中，荷兰专家Herman van Dam博士(2006)编写了底栖植物采样指南，下文摘自该指南。

7.11.1 介绍

根据《欧盟水框架指令》，底栖植物是河流和湖泊采样中要求的生物质量要素。

《欧盟水框架指令》本身未对底栖植物这一术语作出定义，但在附件5有关水质量要求监测标准一节中，提到了根据相关的CEN - ISO标准对硅藻(底栖植物的一种)进行采样。这些标准在《欧盟水框架指令》出版以后也出版了，采用的是Kelly等(1998)的经验。这些标准主要应用于河流。在《欧盟水框架指令》中，除硅藻外，没有提到其他底栖植物。

欧盟所有成员国都可以对"底栖植物"这一术语有自己的理解和解释。从科学的角度来讲，这一术语定义有误，因为它可能包含着生长于某一基质上的所有生物，包括硬质和软质的，大型水生植物或河岸植物中的沉水植物，如芦苇(Phragmites)和香蒲(Typha)。

在底栖植物中，有很多是藻类，如硅藻、蓝-绿藻和绿藻。通常硅藻数量和种类最多，尽管其他藻类偶尔也会多些。由于硅藻数量的重要性以及相对来讲更为人熟知(具有很好的指示特性)，《欧盟水框架指令》实施中底栖植物研究的重点是针对硅藻。

这些指南采用了欧洲其他地方的标准方法中的经验，根据Dnister下游的具体特征加以应用。

7.11.2 采样时间

着生植物硅藻的群落组成受季节变化(光、温)影响，大多数情况下，硅藻最佳生长季是在春季，这时是硅藻采样的最佳时机。但是，这一区域内水位变化很大(有时超过1 m)，也会对硅藻群落产生很大影响。在大多数年份，春季水较深，其他季节较浅。春天，水位的快速变化会阻碍硅藻在芦苇秆上生长。

因此，对这一区域而言，夏末或秋天可能是硅藻的最佳采样时机，在10月或11月初进行硅藻采样时，为使结果具有可比性，样品应在3周内采集完成。

7.11.3 采样和培养基选择

（1）芦苇

这个地区没有硬质培养基，但是比较合适做硅藻培养基的普通芦苇随处可见。因此，每个站都能采集到芦苇样品，GPS坐标要记录下来。

在选好的采样点，从水中采集5~7株芦苇秆，芦苇秆必须与水体的开放水域相连，选取芦苇带靠近水中央的一边采样，芦苇秆必须是不同生长期的(0~2年)。水下5~15 cm的芦苇秆段是最合适的，可用剪刀剪成几段，需要注意在最近涨水的采样点，只能采集采样前几个月一直淹在水下的那段芦苇秆。

（2）大型水生植物

以前这个地区是从大型水生植物如Myriophyllum, Ceratophyllum 和Potamogeton上采集硅藻。为了将现在的硅藻与以前的进行比较，这些植物上着生的硅藻需在靠近芦苇秆采样点进行采集。

将大型沉水植物的5~7个样本用剪刀或小刀切成小段。

注：只要观测到对底栖植物的生长很重要的因素，或者在水文地貌调查中可能忽视的因素，或者那些看起来是暂时的因素，都必须记录下来，如最近的水位变化、最近的污染征兆等。

7.11.4 贮存和保存

如果24小时内可将样品冷冻保存（-18 ℃），就可将样品用贴有标签的塑料袋存放，无须添加防腐液，如果样品一天之内可以处理(见准备章)也不需添加防腐液。

除此之外，样品都需存放于防腐液中。须将样品放入样瓶(50~200 mL)，再加入10~30 mL 湖水。可用最大浓度3%~4%福尔马林贮存(向样品中加入1/10量的36%~38%浓度的福尔马林)。或者，短期存放的话(2周以内)，可用卢戈氏碘液，加入量达到深白兰地颜色即可。

重要说明：如果采样点的pH值(在野外测量)大于8.7，需使样品酸化(使pH值降到7以下)。在高度碱性样品中，硅藻会在两个月内溶解！

7.11.5 实验室处理、永久封片

将塑料袋或样瓶中存放的样品倒入盘中，用刀片(可用镊子固定住茎秆)将着生硅藻的茎皮刮下。大型沉水植物的叶片可用刀片切成碎片。

未添加防腐液的样品可直接用，其他样品需用蒸馏水冲洗几遍洗去所沾的防腐液。

对效率或对相对丰度作用尚

未有严格测试的研究来讲，可用不同的方法清理真空管。参加项目的每个人对准备硅藻都有自己的方法(相对强酸来讲，多用过氧化氢，它对人体和环境的危害相对较低。不过，对每个计算方法，都需附一个详细的方法介绍(先写一份，然后再粘贴就行了)。

用折射率大于1.6的封固剂(如用Hyrax或Naphrax，而不用Styrax)。放大前检查硅藻细胞壳的密度。一般来说，建议密度控制在每点5~20管(1 000倍以下)。准备3份永久封片平行样。其他的样品保存起来：有时需EM检查。

警告: 如果做显微镜检查(在做切片之前)，很多小硅藻要轻柔处理。

7.11.6　鉴定、计数

命名方法多采用Krammer和Lange-Bertalot (1986~1991) 法，辅以Lange-Bertalot (1993)和其他文献中的方法。如果物种迁移了或重命名了，这些书的出版给出了两个名称：一个是Krammer 和Lange-Bertalot中的名称，另一个是其有效名称。对不同的调查人员所给的名称进行标准化是有必要的。用1 000~1 250放大倍数的显微镜并使用油镜镜头进行命名和计数。

从随机选择的样段中选择200管进行计数。无法确认的碎片也要记录下来，但不作为200份样品中的一部分。鉴定不大容易确定的那些物种，要画下或拍照，记下其重要的分类学特征。

7.11.7　底栖植物野外记录表

图7.16是底栖植物野外记录表举例。

位置编号		位置名称	
采样日期		调查人员姓名	
照片编号			

		GPS X 坐标	GPS Y 坐标

水的透明度	河道表面阴影	暴露于风中
[ ]清晰(能见度>2 m)	[ ]无遮挡(<1%)	[ ]完全
[ ]不透明(能见度1～2 m)	[ ]斑驳(1%～33%)	[ ]中等
[ ]混浊(能见度<1 m)	[ ]浓密	[ ]低

采集的大型植物

[ ]芦苇
[ ]角叶藻
[ ]眼子菜
[ ]其他(具体的)

情况概述/评述(如有需要可写在背面)

图 7.16　底栖植物野外记录表

7.12 大型植物采样指南

在欧盟资助乌克兰技援项目Dnister河下游流域管理规划中，荷兰专家Roelf Pot博士(2006)编写了大型植物采样指南。下文节选自该指南。

7.12.1 介绍

大型水生植物包括水中生长的所有不需要用显微镜就能识别的较大植物，包括维管束植物、苔藓类和大型藻类，后者包括所有的轮藻类和一些大型藻类如*Vaucheria dichotoma, Hydrodictyon reticulatum*和*Enteromorpha intestinalis*，*Cladophora, Spirogyra*以及其他纤维状的大型藻类，无法在物种水平进行鉴别，则仅在分布较丰富时才需考虑，仅需记录下纤维状藻类的总的覆盖情况。

7.12.2 准备

野外需要用到的物品列举如下：

- 便签纸或标准格式表和钢笔；
- 鉴别指南；
- GPS；
- 每5 m作标记的长绳 (100 m)，或测量带；
- 长筒靴，带锚或固定杆，系到长绳上，可以在一处停留一段时间；
- 每10 m作好标记的靶子；
- 深水望远镜；
- 袋子，用来装生物，以备鉴别或制作标本 (通常针对那些珍稀或特有物种)；
- 测量带或绳子，每1 m作刻度。

再次采样时，需根据所描述的地标物或GPS确定采样点的准确坐标；否则，就需事先在地图上根据地理和水文类型数据确定好采样点。

7.12.3 采样

从本质上讲，在河流或湖泊中采集大型植物样品并无区别，但实践中却存在差别。

在河流中，横向的断面非常陡峭，无法显示所有的内部多样性，采样时要考虑到沿岸的纵坡变化，沿纵段选择一段进行采样，但要注意剔除纵坡变化或瞬时变化对采样的影响。

仅当在湖泊中某一横断面足够长，能反映所有的变化时，才有必要全部记录湖泊中的生物多样性。最主要的是要靠近湖中央，但如果水太深生物无法生长，可以早一点结束横断面。根据每种不同的物种群落(植物群落)将横断面划分成不同的段。

（1）河流

如果再次采样，要根据先前标记的地标物或GPS重新确定采样段的起始点。如果某一河段是第一次采样，采样步骤包括确定起始点。如果预先在地图上对采样点标注过了，实地确定时要尽可能接近标好的地点。图7.17所示为大型植物采样横断面。

在河岸一边寻找一段较长的有代表性的河段，粗略估计一下该样本的代表性：在长有可参考植被的河中该河段所占的比例。在这一点，用GPS记录下来(起点)。

开始记录实际水位以上或水面上下的物种 (两栖类和挺水植物)，但仅指那些跟水有关的。还需记录植被带的宽度，以及距离两边水位的高度。100 m(根据植物生长的有效季节，见下面的"采样地大小")以后，就往上记录物种种类，开始用DAFOR单位 (或者相当于此单位，见下面的"测量单位")，估算你所观测到的丰度，记住，你所估算的丰度仅反映受水直接影响的物种丰度，也就是说平均最高水位以下的物种，然后记录下一直到平均最低水位以下这种植被的覆盖率，同时记下该点为终点。这一河段的长度可根据GPS定位仪计算出来或者直接从GPS上读出来(可用带刻度的绳子或刻度带量出来)。

回来时，记录下你所看到的所有物种，并连靶子将样品收集上来，同时，只要需要，还要检查你所估算的滨岸带物种。回到起点时，对水中植物物种的丰度作第一次估算，记住，你的估算值只需要大概反映植物可能生长区域的植物丰度，通常是指自然水质条件下水下2~3 m的水域。

乘船沿横断面检查一下，寻找那些你在岸边无法看到的物种，重新估算一下丰度，如图7.17所示。用靶子和(或)深水望远镜，特别是在浑浊的水体中。在流水中船舶的处理方法为：用一根长绳(100 m)系在岸边的树上或锚上，以控制在采样点之间的移动，记下采样处植被生长的最深点和植被带的宽度。

最后，记下水中生长最多的5种植物：沉水植物、浮叶但有根的植物 (nymphoids)、挺水植物、丝状藻类、浮叶植物(如limnids)。

（2）湖泊

如果要对横断面再次采样，要找到标好的地标物或根据GPS定位仪确定采样的起始点，否则，采样步骤就需包括起始点的确定，如果

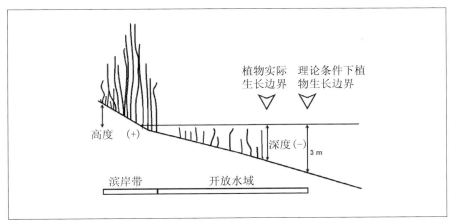

图7.17 大型水生植物沿河岸带的横断面

预先在地图上对采样点标注过了，实地确定时要尽可能接近标好的地点。

首先，要获得一个植物群落的大概印象，在水中移动时要用靶子和深水望远镜作一个快速的调查。

寻找一个与岸线垂直的有代表性的覆盖所有或大多数植物群落的斜坡，沿此斜坡划定横断面。

从该横断面的岸边开始，用GPS定位仪记录该横断面的中心线。记录实际水位线上下的物种(两栖类和挺水植物)，但只记录那些跟水有关的。横断面中心线周围至少5 m以内的所有物种都要包括，如果属于植物群落的组成部分，这个范围以外的物种也需考虑进来，如果需要，要将周围100 m范围全都考虑到。

对滨岸带采样地大小进行测量或估算(用测量带、带刻度的绳子或GPS)，然后用DAFOR单位(或与此相同的)估算你所观测到的物种丰度。必须牢记，你所估算的丰度仅反映受水直接影响的物种丰度，也就是说平均最高水位以下的物种，然后记录一直到平均最低水位以下这种植被的覆盖率。

接下来，记录与滨岸带相邻的浅水区发现的物种，要将沿横断面中心线两边各5 m范围内的物种都考虑进来，而且只要植物群落沿横断面延伸，就考虑将范围扩大到20 m。对采样地大小以及两头的水深进行测量或估算，然后用DAFOR单位(或与此相同的)估算你所观测到的物种丰度和所有植被的总覆盖率：沉水植物、浮叶但有根的植物(nymphoids)、挺水植物、丝状藻类、浮叶植物(如limnids)。

选择邻近该样地的另一样地，如果其反映的是不同的植物群落，就沿下一植物群落的中心线确定横断面，作为第二块样地记录下同样的数据，如果这两块样地不相邻，还要测量第二块样地与第一块之间的距离，并测出这两块样地之间的植物群落的边界位置。

如果未发现其他植被，在植物自然生长的最大水位之间重复以上步骤(取决于水体，一般3~8 m水深)，如果其中有一个植物群落相比其他植物群落沿横断面覆盖的区域范围更大，要选择2~3块样地。图7.18为样地案例。

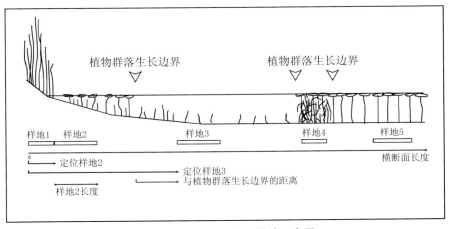

图7.18 沿横断面定位样地示意图

7.12.4 样块大小

样块数据必须反映出该采样点的植物群落，对样块大小并无严格规定，因为不同的植物群落植被类型和物种大小不一样。可以用确定最小样地尺寸的技术来优化样地大小：当样块增加1倍，物种数就增加很多时，样块尺寸就要加大，但样地不要沿岸坡切分植物群落。对沿河岸和湖岸的滨岸带植物而言，通常100 m的长度足够包含全部植物群落，但具体到某一样点还要再具体核实；对沿河岸的水体植被而言，最小样块要小一些，但实际情况中，样块长度要与滨岸植被带样块大小一致。沿横断面样块最小尺寸一般是10×10 m，但是演替初期阶段由于建群，样块大小要大些。

7.12.5 测度分级

物种丰度最常用的表示法是覆盖率或相对出现率。Braun-Blanque法通常用覆盖率分级，而Tansley法用相对出现率(DAFOR)分级。《欧盟水框架指令》所用的大多数水质评价方法中，分3~5级就够了。因此，DAFOR是估算物种丰度的最常用的分级方法。在某些评价方法和国际比较方法(相互校准)中，分级减到3级。

7.12.6 样块数量

河流或湖泊中有很大一部分都要布设样块。河流中全部水体中至少要选5个样段，尽可能代表不同情况下的物种和环境。要估算一下用河流总长度的百分比表示的代表性，这个范围一般在5%~95%。

湖泊中至少要布设1~ 5个断面，视湖泊大小和湖泊变化以及物种组成而定。

7.12.7 其他数据

水文地貌调查中可能会忽视的那些与植被生长有关的或一些暂时的现象都要作记录，例如，收割或其他管理措施、放牧、最近有无土壤侵蚀和有关工程等。

7.12.8 野外数据表

图7.19所示为河流大型植物野外数据表。

图7.20是湖泊大型植物野外数据表。

位置编号		位置名称	
采样日期		调查人员姓名	
照片编号			
代表性估计(占整个水体的%)			

水的透明度	河道水面阴影	特殊情况/植被 [ ]有　[ ]无
		如果有,原因是:
[ ]清晰(能见度>2 m) [ ]不透明(能见度1～2 m) [ ]混浊(能见度<1 m)	[ ]斑驳(1%～33%) [ ]浓密(>33%) [ ]无遮挡(<1%)	[ ]最近刚砍过植被 [ ]最近刚去除过植被 [ ]最近刚有过洪水 [ ]其他

	GPS X 坐标	GPS Y 坐标
起点		
终点		
采样段长度	m	

	滨岸带	开放水域
采样植被宽度	m	m
最低高程/深度	m	m
最大高程/深度	m	m
总覆盖率		
沉水植物		%
浮叶但有根的植物		%
挺水植物		%
丝状藻类		%
浮叶植物		%
滨岸带植被	%	

种类	在滨岸带的丰度	在开放水域的丰度

图 7.19　河流大型植物野外数据表

位置编号		调查人员姓名
位置名称		
日期		
照片编号		
水的透明度		[ ]清晰(能见度>2m) [ ]不透明(能见度1～2m)　[ ]混浊(能见度<1m)
特殊情况/植被		[ ]有　[ ]无
如果有：造成特殊情况/植被的原因		[ ]最近刚砍过植被 [ ]最近刚去除过植被 [ ]最近刚有过洪水 [ ]其他

样块编号	1	2	3	4	5	6	7	8
采样植被宽度(m)								
样块长度(m)								
与起始断面之间的距离(m)	0							
GPS X 坐标								
GPS Y 坐标								
与植物群落分布线之间的距离(m)								
最低高程/深度(m)								
最高高程/深度(m)								
总覆盖率								
沉水植物								
浮叶但有根的植物								
挺水植物								
丝状藻物								
浮叶植物								
岸栖植被								

情况简述/评述：______

物种	丰度，样块数量							
	1	2	3	4	5	6	7	8

图7.20　湖泊大型植物野外数据表

7.13 鱼类采样指南

在欧盟资助乌克兰技援项目 Dnister河下游流域管理规划中，丹麦专家Christian Dieperink博士(2006)编写了鱼类采样指南。下文节选自该指南。

7.13.1 介绍

2006年7月24~27日，在乌克兰的Odessa进行了鱼类采样。该文介绍了为培训项目编写的 Dnister 河和 Dnister 河口区鱼类采样指南。

根据相关的CEN标准，采样要尽可能多：

- prEN 14757水质——用多孔刺网进行鱼类采样(CEN, 2003)。
- prEN 14962水质——鱼类采样范围确定和采样点选择方法(CEN, 2004)。

这些标准的总目标是保证样本采样标准化及可重复，以获得具有代表性的、定量的或半定量的各生长年龄段的鱼类样本。

实际的操作过程以及乌克兰的有关法律为采样设置了很多限制因素，用于捕鱼的标准鱼网价格不菲，就是其中之一。乌克兰法律禁止用电捕鱼，也是一个限制因素。尽管电捕可以简化野外工作，还可将活鱼放归水中，但还是被法律禁止，即使是以监测为目的也不能例外。因此，这些方法偏离了欧洲的CEN标准，其目的是获得公正的和可重复采集的鱼类样本结果。

要尽可能将活鱼放回水中。

在所有的监测站，都用水文地貌和其他辅助采样来补充鱼类数据。

据粗略估计，四人组成的采样小组每次采样不少于两天，采样在8~10月间进行。

7.13.2 采样地点和时间

监测的目的是为国家公园和Dnister下游其他地区建立代表性的基础数据库，因此河中必须布设很多监测点，间歇性淹水区和邻近河流中的U形弯区域，以及河口处，都是反映这个混合生态系统不同的组成部分。

今后这些站点还要持续进行监测，这对将来进行比较研究非常重要。鼓励多用这些站点进行其他生物质量要素监测、水文地貌和化学监测。

总的来说，野外监测小组有权决定每一处如何布设鱼网。

一般来说，鱼类采样要在8~10月间进行。

7.13.3 参数

(1)物种组成

《欧盟水框架指令》中提到的一个很重要的因素就是，鱼类监测必须保证记录下测到的所有物种，这可以通过使用主动或被动的捕鱼工具来获得，而且提倡使用多孔鱼网，从而保证能等量捕获到不同大小的鱼。

(2)年龄和大小分布

所有的鱼都要测量其体长和质量。测量鱼的体长时要从鱼唇顶端测到鱼鳍尾部(总长度)。每次采样、每个鱼种、每个鱼网以及每个网孔所记录的数据都要分开，用一张单独的表来记录这些(见附件6中野外数据表)。

如果捕获的量非常大，对体长和质量还要再分亚类，捕获的总质量、有代表性的亚类体长和重量也要记录下来。

《欧盟水框架指令》附录V要求评价鱼类的年龄分布。评价鱼类

样本年龄的方法之一是分析鱼鳞和组织，这种分析很费时间(因此也相当昂贵)，通常在采样季节以后再做。

另一种方法是用长度频率分析法来估算鱼龄。只有常见鱼种或有相关文献证明环境影响因素和鱼群数量停止增加之间有相关关系时，才需要分析鱼类的年龄组成(大小、骨架结构、鱼耳石)，在多数情况下，鱼的长度和对应的年龄都能在文献中查到(如www.fishbase.net)。

(3)丰度

因为对鱼的丰度进行直接估算不大可能，因此用另外的间接方法 (每一次的捕获量，CPUE) 来替代。 标准的捕获方法是，在每一采样点，用三重刺网和三重长袋网和一个带围网的拖网。

所用的刺网要有不同的网孔，这样才能根据其丰度捕到大多数的不同尺寸的鱼群，捕获小鱼不能用刺网，而要用6 mm孔径的围网。

7.13.4 捕鱼方法

所有的监测点，采样计划都要包括用哪几类的网(每一网的数据和元数据分不同次的采样存于数据库中)。计划含一夜(12~16小时)要用的三个刺网、连续3天要用的3个长袋网，以及1~2个30 m长的带围网的拖网。刺网要在下午平行于水流方向(或水波方向)布设12~16小时，直至次日早晨收网。围网要在白天布设，最好抛在平静的浅水(2~3 m)底部，不要将一些杂物如植物、木头或树枝拖上来。是否要拖第二网要看第一网捕到的鱼的数量：如果第一网少于50条，就要再拖第二网，否则就不需要。长袋网

要单独布设于采样点的最深处,以覆盖所有刺网捕不到的地方。

7.13.5　采样设备

在河流、湖泊和河口进行鱼类采样时,混合使用刺网、长袋网和围网。

刺网有8组不同的孔径:13,15,20,22,30,40,50和70 mm。每一组孔长4 m,深1.5 m,连成一个长32 m的网,网孔的排列可随意。

围网孔径为6 mm,两侧臂高1.1 m,总宽15 m。

长袋网网孔为6 mm,设两室,头网长4 m。

7.13.6　鱼类鉴定和测量

鱼类应尽可能在野外进行鉴定。

如果样本在野外无法鉴定(到种),可带回实验室作进一步的鉴定(如幼龄鱼),在这种情况下,可将鱼保存在甲醛或乙醇溶液中。

7.13.7　野外数据收集表

图7.21是一次捕获的野外数据收集表。

图7.22是某次捕获结果野外数据收集表。

一张野外表格可记录不同尺寸刺网的捕获结果,如图7.23所示。

位置编号		位置名称		
日期		起始时间		
网的类型	[ ]刺网	孔的大小		mm
	[ ]长袋网	调查人员姓名		
	[ ]围网			

GPS X 坐标		地区	[ ]沿岸	[ ]水面
GPS Y 坐标		合适	[ ]是	[ ]否
与岸边的角度		如不合适,意见是什么?		
捕鱼深度				

采集的生境		基质类型	
开放水域	%	[ ]淤泥	
软沉水植物	%	[ ]砂质	
硬沉水植物	%	[ ]砂质和淤泥	
浮叶植物	%	[ ]碎石	
浮叶但有根植物	%	[ ]木质碎屑/原木	
两栖植物	%	[ ]硅沉积物/贝壳类	
挺水植物	%	[ ]卵石,石块	
滨岸带林地/边缘植物	%		

阳光	风	雨
[ ]无云	[ ]几乎无风	[ ]无雨
[ ]有云	[ ]微风	[ ]中雨
[ ]多云	[ ]大风	[ ]大雨

水的颜色	透明度	水位
[ ]无色	[ ]清晰(能见度>2 m)	[ ]几乎干涸
[ ]蓝	[ ]不透明(能见度1~2 m)	[ ]部分有水
[ ]绿	[ ]混浊(能见度<1 m)	[ ]低
[ ]灰		[ ]中
[ ]黄		[ ]高
[ ]褐		
	水温	℃

图 7.21　一次捕获的野外数据收集表

位置编号		网的类型	[ ]刺网	孔的大小	调查人员姓名
采样日期			[ ]长袋网		
			[ ]围网		

种类(拉丁文名称)	长度(mm)	质量(g)	长度(mm)	质量(g)	长度(mm)	质量(g)	长度(mm)	质量(g)	长度(mm)	质量(g)	长度(mm)	质量(g)

图7.22　某次捕获结果野外数据收集表

位置编号																	采样日期			
拉丁文名称	孔的大小																总计		
	13		15		20		22		30		40		50		70				
	N	W	N	W	N	W	N	W	N	W	N	W	N	W	N	W	N		W

N=个数
W=质量(g)

图7.23　记录不同尺寸刺网捕获结果的数据表

8.生态和生物数据系统和报告

生态和生物数据是环境信息体系的核心部分，可用于对外报告和内部管理，包括实施《欧盟水框架指令》。

不同的成员国有不同的数据系统，但是欧盟要求按统一的数据报告格式，这样便于进行泛欧比较。这套系统就是欧盟水信息系统(WISE)，成员国用这套系统来向欧盟委员会汇报有关《欧盟水框架指令》的信息（图8.1）。

对于生态和生物数据，英国环境署用了一套电子数据收集系统和国家数据库，称为Biosys，用于记录及使用生态和生物数据。Biosys现在含有超过454 000个经过质量控制的数据组。

生态数据仅仅是个如实记录，随着质量控制培训的普及，生态监测的技术水平也逐步得到提高。它与其他数据系统相连接，包括水质数据和水资源数据。系统设定了可以使用地理信息系统(GIS)，这有助于可视化和信息制作。

这些数据组与报告系统相连接，以便于预报告的编写。数据组还与公共信息系统相连接，如"你身边的环境"，只要输入邮政编码(或代码)即可查询到环境信息。第11章有一个案例介绍公众信息的获得。

欧盟水系信息系统—WISE—http://water.europe.eu/info
欧盟水系信息系统(WISE)是一个欧盟委员会（DG环境，联合研究中心和欧元区）和欧洲环境部之间的协议，称为"四联盟组织"（GO4）

WISE面向几个用户组织：
欧盟机构和成员国的国家、地区和地方水政策制定和实施过程
从事水领域专业工作，对水有技术兴趣的公共或私营组织
在水领域工作的科学人员
广大公众，包括在私营或公共团体中工作，与水政策无直接关系，但在水方面有间接利益（日常或偶尔）
WISE于2007年3月22日（世界水日）向公众提供网络服务，提供从内陆水体到海洋的涉水信息。网络服务分为四个部分
欧盟水政策（指令，实施报告和支撑行动……）
数据和计划（公报的数据表，互动地图，统计数据，指标……）
模型（欧洲现状和预测服务……）
项目和研究（链接到最近完成的和正在进行的涉水项目和研究活动……）

对欧盟机构或其他环境机构的用户而言，WISE提供了向欧盟涉水政策进行主题评价的窗口；对从事水相关研究的专业人员和科学家而言，可从WISE获得相关的文件和主题数据，可以下载下来用于分析；对广大公众而言，WISE用互动地图、图表和指标的可视化系统向大众提供了广泛的与水相关的信息。

图8.1 欧盟水信息系统（WISE）（http://water.europe.eu/info）

9.质量保证

9.1 CEN (欧盟标准化组织)和 ISO 标准[①]

在水框架指令中，CEN和ISO对分类和监测要素作出了规定。

欧盟标准化组织 (CEN) 由欧洲经济共同体国家标准机构成立于1961年。现在CEN主要致力于通过议定的方法为欧盟和欧洲经济区提供各种标准，以促进该区域环境保护目标的实现。

CEN/技术委员会230 "水分析"技术委员会负责制定水生物、化学和微生物监测方法。欧盟设有技术委员会、工作组和任务组，各成员国也相应地设置了类似的组织。CEN成员国开发欧洲标准并投票通过，成员国必须将欧洲标准作为国家标准来执行，废除任何与此相冲突的国家标准。

(1)与水框架指令相关的动植物监测的欧洲标准

根据水框架指令，要按生物质量要素进行水体的监督监测、运行监测和调查监测。监测方法必须符合国际标准(例如，相关的CEN/ISO)。目前(2004年)，欧盟各成员国都认可的方法相对来说还很少，到目前为止CEN和ISO委员会只有一部分生物监测要求。

到目前为止，多数方法都由ISO和CEN共同制定，但由于水框架指令的地区特征，CEN许多正在制定的标准可能不被ISO采用。表9.1列出了12个欧洲标准，表9.2是目前正在制定的支撑水框架指令分类和监测的16个方法。从对制定某一标准达成正式协议到最终出版通常需要三年时间。

(2)新的欧洲标准，2011年更新

●EN 14757: 水质—用多孔刺网采集鱼类样本

●EN 14996:2006: 水质—水生环境中生物和生态监测质量保证指南

●EN 15196:2006: 水质—生态评价中摇蚊幼虫采样和处理指南

●EN 15460:2007: 水质—湖泊大型植物调查标准导则

●EN 15843:2010: 水质—确定河流水文地貌标准导则

●EN 15708:2009: 水质—浅流水体底栖植物的调查、采样和实验室分析方法标准导则

●CEN/TR 16151:2011: 水质—多种度量指标设计指南

●EN ISO 5667—1:2006/AC:2007: 水质—采样—第1部分：采样计划和采样技术设计指南(ISO 5667—1:2006)

---

① 摘自： Roger Sweeting和 Marja Ruoppa, 2004,水框架指令和CEN 。

表9.1 已经出台的欧洲监测标准/ 水框架指令

EN 25637-1	水质—采样—第1部分：采样项目设计指南	1993
EN 25667-2	水质—采样—第2部分：采样技术指南	1993
EN ISO 5667-3	水质—样品保存和处置指南	1995
EN 27828	水质—生物采样方法-水生底栖大型无脊椎动物采样指南	1994
EN 28265	水质—生物采样方法—淡水水域石基浅水区底栖大型无脊椎动物定量采样器的设计和使用	1994
EN ISO 9391	水质—深水区大型无脊椎动物采样—建群、定性和定量样本使用指南	1995
EN ISO 5667-16	水质—采样—第16部分：样品生物测试指南	1998
EN ISO 8689-1	水质—河流生物分类—第1部分：流动水域底栖大型无脊椎动物调查生物质量数据解读	2000
EN ISO 8689-2	水质—河流生物分类—第2部分：底栖大型无脊椎动物调查生物质量数据提交指南	2000
EN 13946	水质—河流底栖硅藻常规采样和预处理指导标准	2003
EN 14184	水质—流动水域水生大型植物调查指导标准	2003
EN 14011	水质—鱼类电捕采样	2003

表9.2 CEN-正在制订的标准(2004年7月)

CEN/TC230/WG2/TG1 N 72 E	水质—静态水域底栖大型无脊椎动物调查指导标准
CEN/TC230/WG2/TG1 N 90	水质—淡水水域底栖大型无脊椎动物采样范围和采样点选择方法指南
CEN/TC230/WG2/TG1 N 91	水质—内陆水体底栖大型无脊椎动物样品处理的野外和实验室方法指南
CEN/TC230/WG2/TG1 N 92	水质—静态水域浮游动物采样指导标准
CEN/TC230/WG2/TG1 N 77	水质—生态评价中摇蚊幼虫采样和处理指南
CEN/TC230/WG2/TG1 N 89	水质—用反转显微镜对浮游植物群落计数的标准指南。英文版本DIN EN 15204:2006-12。标准号：EN 15204-2006
CEN/TC230/WG2/TG3	水质—湖泊大型植物调查指导标准
CEN/TC230/WG2/TG3 N 83	水质—流动水域底栖硅藻样品的鉴别、计数和判读指导方法
CEN/TC230/WG2/TG3 N 80	水质—多孔刺网进行鱼类采样
CEN/TC230/WG2/TG3 prEN 14407	水质—鱼类采样范围和样地选择指南
CEN/TC230/WG2/TG4 prEN 14757	水质—河流水文地貌评价指导标准
CEN/TC230/WG2/TG4 prEN 14962	水质—水生环境生物和生态评价质量保证指南
CEN/TC230/WG2/TG5 prEN 14614	水质—海水环境下软质底栖动物定量调查指南
CEN/TC230/WG2/TG6 prEN 14996	水质—水生环境中生物和生态监测质量保证指南
CEN/TC230/WG2/TG7 prEN/ISO 16665	海底软体无脊椎生物调查指南
CEN/TC230/WG2/TG7 ISO/CD 19493	滨海和浅海地区海洋生物调查指南

9.2 质量保证机构操作指南

英国环境署出台了一份指导文件。文献EA，2008，操作指南，淡水大型无脊椎动物分析质量控制和外部审核所需的BMWP和LIFE体系。图9.1所示为这本指南的封面，全文请见附件7。

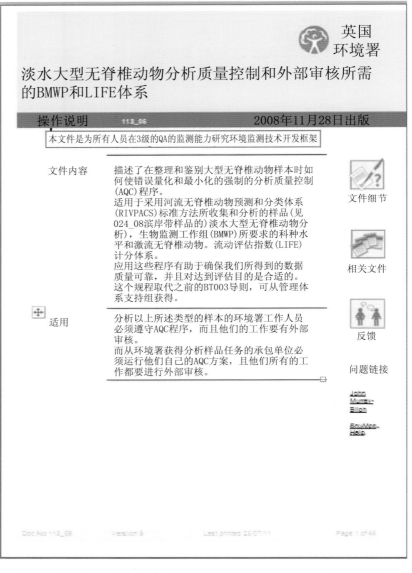

图9.1　封面——淡水大型无脊椎动物分析质量控制和外部审核所需的BMWP和LIFE体系

10.监测费用

10.1 水框架指令的总费用和效益

2005年出版的政策支撑研究的一份报告提到，费用和效益与监测数据的质量是相关的(政策支撑研究，2005)。这份文件是欧洲水信息系统(EAQC-WISE)为水框架指令提供支持的欧洲分析质量控制项目的报告。这份报告的目的是要说明，质量保证和质量控制(QA/QC)系统的实施特别是在欧洲的执行，

可能会产生经济效益。到目前为止，只考虑了水质监测的直接费用。目前的研究表明，由错误决策产生的间接费用可能更重要，因此开展质量保证和质量控制(QA/QC)评价必须考虑所有可能节省的开支。这份报告包含了水质监测的详细的开支项目，其中有一部分可能通过质量保证和质量控制节省下

来。

案例表明，通过质量保证和质量控制的实施，可以潜在地节省很多监测费用，特别是措施计划的确立。有数据表明，结果精度的细微调整就会导致费用发生很大变化，这说明质量保证和质量控制系统是可产生效益的。

10.2 英国实施《欧盟水框架指令》的费用和效益评估

英国环境、食品和农村事务部(Defra)对英国实施《欧盟水框架指令》的费用和效益进行了评估。下面的链接可提供水框架指令法律影响评价文件：http://archive.defra.gov.uk/environment/quality/water/wfd/ria.htm。

共有三份评估报告，一是2003年的初始评估；二是2007年的部分评估：Defra，2007，英国实施欧盟水框架指令环境质量标准的法规影响评价初稿；三是2009年的一个完整的法规影响评价：Defra，2009，

欧盟委员会和欧洲议会2000年12月22日签署的水框架指令(2000/60/EC)的总体影响评价。后两个文件见附件8。部分评价中的表10.1所示为《欧盟水框架指令》分类标准和英国TAG标准的费用和选项。

对选项2 - UKTAG 标准，评价了工业和农业部门报告标准的净现值中，基础设施费用和运行成本约需44.154亿英镑，那些可量化项目的净效益在15.856亿到36.81亿英镑。

此外，还需1 220万英镑的行

政成本，包括每年约600万英镑的监测费用和600万英镑的流域规划费用。

除去44.15亿英镑的总的执行成本，另外还需约600万英镑的生态监测费用。

表10.1　　　　　　　　　　　英国实施《欧盟水框架指令》标准的成本现值

来源于Defra，2007，英国实施欧盟水框架指令环境质量标准的法规影响评价初稿

表1：英国费用与效益现值1（百万英镑，2006年价格，超过30年@3.5%）（未对所有影响都进行量化）						
标准	方案1：未作任何改变（保持现有的标准-情景3）			方案2：采取英国技术顾问组推荐的标准（情景3）		
	效益现值	费用现值		效益现值	费用现值	
		管理	执行标准		管理	执行标准
河流						
BOD和溶解氧	161～1 386	3.9	346.64	113～1 119	3.2	231.2
酸化	40～317	0.4	未评价	不适用		
磷[2]	1 385	5.2	4 874	1 314	5.1	3 832
氨	77～710	1.6	240	148～1 179	1.9	339
水资源	无	不达标？			1.2	
地貌	无	不达标？	未评价	未评价	数据库	未评价
湖泊						
溶解氧	无	不达标？	n/a	8.2～53.3	0.6	与富营养化相联系
碱度	无	不达标？	n/a	未评价	0.01	未评价-仅在英格兰
酸化3	0.7～4.6	不达标？	5.6	2.4～15.7	0.2	13.2
水资源	无	不达标？	未评价	未评价	检查出0.01	未评价
1.一项或多项未来费用的现值，以合适的贴现率进行贴现。						
2.仅苏格兰有规定的标准，假设在本方案下英格兰、威尔士和北爱尔兰采用GQA同等标准。						
3.仅苏格兰有标准，且几乎与英国技术顾问组推荐的相同。因此，两种方案下苏格兰的情况几乎相同。						

10.3　环境机构——成本估算—— 监测和执行标准

环境监测费用很高。英格兰和威尔士的环境机构每年各花费约2 000万英镑用于水生环境监测，这多半是为了实施一些法规如《欧盟水框架指令》。工业部门和其他水环境用户差不多也要花费等量的开支，多半是用于排放和取水的影响管理。

水框架指令已经将监测平衡从化学标准转向了基于生物监测结果的风险评估，这又导致每年增加了600万英镑的额外的监测支出，使得环境机构每年的费用达到2 600万英镑，已经通过提高效率和优化监测计划省去了额外增加的这部分费用。尽管要求削减成本的压力很大，但维持较大范围的监测对昂贵的基础设施的投资决策来说是非常必要的。

英国实施《欧盟水框架指令》的费用包括涉水基础设施和农业、工业以及社会各部门的成本。据估算，全面实施水框架指令约需2 000万英镑，包括条文所列的涉水工业部门的总的基建投资和运行成本 (OFWAT, 2009,未来2010~2015年排污收费，最终决定)。例如，英国水工业每年约有40亿英镑用于基建投资，主要是为了达到新的环境标准，例如《欧盟水框架指令》。

英国环境署每年的监测费用约2 000万~3 000万英镑，这是一笔非常值得的投资，这样可以保证用于环境改善的200亿英镑都花得物有所值。Tony Warn 博士估计，如果监测费用和项目每年削减1 000万英镑，那么用于环境改善的开支可能会从20亿英镑增加到36亿英镑，会多花很多冤枉钱。

11.公报和公众信息

11.1 水框架指令的水体分类——英格兰和威尔士

11.1.1 《欧盟水框架指令》概述

《欧盟水框架指令》为公众提供环境信息，鼓励提供咨询和积极参与到实施过程中。图11.1是指令中这几部分的图示关系。

依照1998年的Aarhus公约(获取信息、公众参与决策和环境事务仲裁公约)，公众获取环境信息，以及日益增长的咨询和参与已经超过30年了，从那时起，欧共体批准了这些原则，后来欧盟将这些原则纳入其立法特别是水框架指令中。

在英国，将环境问题公众注册要求纳入到立法是始于1993年的水资源法。这种法定义务逐步提高，"环境状况"公众信息和报告每5年出版一次。《欧盟水框架指令》也是如此。

11.1.2 英国生物质量总体评价体系(GQA)

英国生物质量总体评价体系是英国国家水环境状况报告的主要部分。图11.2和图11.3的两张图，显示的是GQA分类图和1994~2004年生物质量改善情况。

图11.4显示的是英格兰1990~2007年化学和生物质量改善情况。

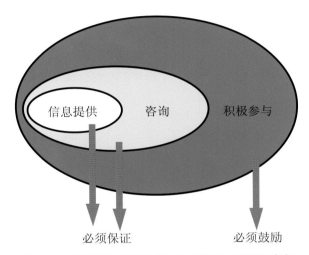

图11.1 《欧盟水框架指令》公众信息、咨询和参与

图11.2 英国生物质量总体评价（英国环境署，1994）

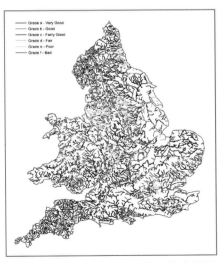

图11.3 英国生物质量总体评价（英国环境署，2004）

指示：生物质量

指示：状况良好或优异的河流　英格兰评估报告与威尔士地区不同。这两组数据是不能直接比较的。

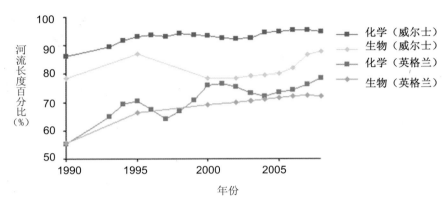

这些数据来源于质量总体评价体系(GQA)。
1990年至**2007**年英格兰和威尔士地区的状况良好的河流。

图11.4　英格兰1990~2007年化学和生物质量 (源自英国环境署)

11.1.3　从总体质量评价的生物分类体系转变为水框架指令的分类体系

《欧盟水框架指令》制定了更为严格的生态目标和分类体系。评价过程增加了很多的生态要素，良好状况的"门槛"也提高了。图11.5所示为2009年流域管理规划中水框架指令的评价体系。

图中显示，根据《欧盟水框架指令》的河流分类体系，24%的河流达标，而根据以前的总体质量评价体系，70%达标，这两套体系所造成的差异解释起来有很多问题，原因主要是水框架指令分类体系中实行的是"一项不达标，则全部不达标"，以及增加了很多评价要素，这都导致了河流评价不达标。

这个问题在流域规划中得到了一定程度的解决，例如11.5节中所列举的泰晤士河流域规划。

英国环境署给出了很多的图例来解释生态分类体系的组成部分。图11.6和图11.7是两个例子。

地表水生态分类和地下水水量和化学状况

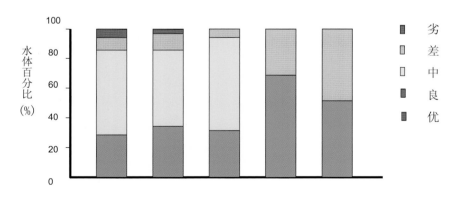

根据水框架指令(草案)分类系统，包括人工河流和人为改变很大的水体的潜在生态状况

图11.5　根据《欧盟水框架指令》对2009年地表水的分类状况(源自英国环境署)

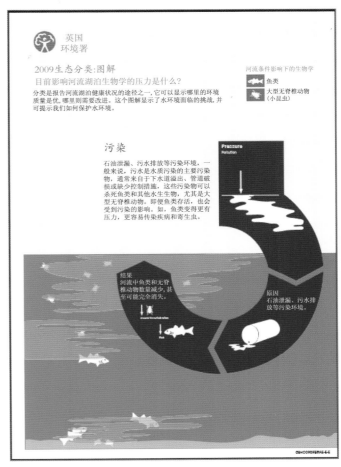

图11.6 2009年生态分类体系— 图解—污染

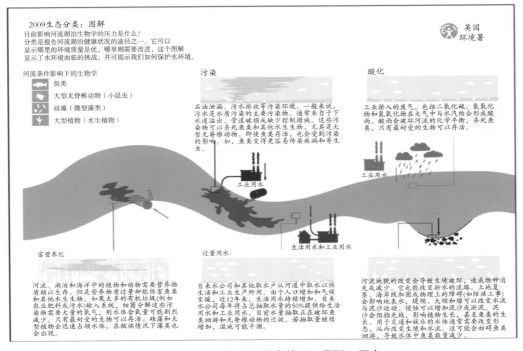

图 11.7 2009年生态分类体系—图解—压力

11.2 监测策略——以苏格兰环境保护局为例

附件9是苏格兰为达到《欧盟水框架指令》的目标制定的监测策略。在一份对外发布的文件中列出了要达到《欧盟水框架指令》的要求，苏格兰水环境监测计划需做哪些改变，它考虑了现有的监测计划以及为达到《欧盟水框架指令》目标能收集到足够的环境信息要做哪些改变，还保证了要评价和报告是否达到《欧盟水框架指令》目标所需要的足够的统计数据，以及确保苏格兰按计划提供法定方法。根据上面所列的原则设计监测计划，从而达到监督监测、运行监测和调查监测的要求。基于风险网络提出监测计划，同时也基于那些目前有风险或可能有风险的水体数量确定了一系列的采样点。

此外，还参考了成本计划，在长期征收排污费和取水费的前提下可以支撑所需费用。

监测策略是一份公开文件，同时也作为《欧盟水框架指令》报告程序中的一部分提交给欧盟委员会。

图11.8是苏格兰某一河流监测网络中的运行监测和监督监测点。

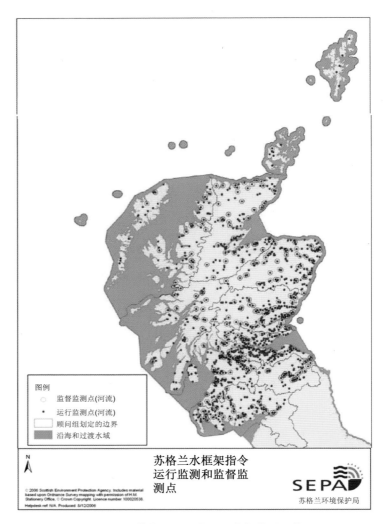

图11.8 苏格兰运行监测和监督监测网络

源自苏格兰环境保护局，苏格兰水框架指令水监测策略，2007

11.3 监测政策文件

很多机构已经意识到生态和生物监测计划的必要性并出台了一些政策文件。这些文件使得他们的工作人员和公众能清楚地了解监测计划的优先项目及其驱动因素。

英国环境署2006年作了以下文件描述:

（1）生态监测政策文件

英国环境署开展生态监测，将有助于评价环境状况，将工作重点集中放在维持和改善环境质量上。它将保证监测计划得到实施，并使其达到法定的和机构的要求，而且保证监测的科学性、全面性和高效性。

这个政策对我们的职责、法律法规和其他行动进行了解释，并概括了我们在利用生物措施进行环境监测和评价方面要采取的行动。

（2）背景——生态监测的基础

通过动植物监测，生态评价可直接衡量我们的环境是否"健康"。它综合评价环境影响和人类的压力，包括一些诸如温度、物理和化学条件以及水流条件等因素。有关的法律比如水框架指令(WFD)已经越来越认识到这一点，并越来越重视环境压力所造成的生态效应。

（3）商业驱动因素

法律的、国家层面的、内部和外部的很多商业驱动因素都要求进行生态评价。

现有的欧洲法律例如城市废水处理指令、栖息地指令和二氧化钛指令中，都有关于生态监测的要求。

生态监测为一些国家法律提供证据基础，例如，采用总体质量评价体系(GQA)的政府新闻指标、国家海洋监测计划 (NNMP)、环境变化网络(ECN)、集水区取水管理策略 (CAMS)、 涉水工业价格检查(例如PR04)、干旱命令/许可证、修复可持续取水 (RSAp)、环境报告状况、 事故(环境的和藻类),苏格兰生物多样性策略及公众服务协议目标 (PSA)。

来自生态监测的信息还可用来为那些内部的驱动部门提供信息，包括总体策略、地方贡献、化学品策略、海洋策略和富营养化策略，以及现行的法律。

生态监测未来的驱动因素包括水框架指令(自2007年起)和环境责任指令。其他一些潜在的驱动因素包括生态监测在空气质量监测、农业、土地质量、气候变化和健康保护中的作用。

（4）行动

环境监测是环境署的一项主要工作。为了高效实施生态监测，使其物有所值，同时保证其全面性和科学性，我们要:

●收集适当的监测信息，以满足法律和其他政策的要求，提高环境效益，提出针对环境状况的意见。

●更好地利用我们已有的环境信息，以使监测能更好地为环境效益的产生提供支撑，如有可能我们将重新布置监测点。

●每年对监测进行评估，并重新确定新的重点，保证我们能收集到足够的质量数据，以满足相关需要，使用基于风险的监测，以保证资源得到高效利用。

●充分利用新技术。我们将提供我们的科学计划，以继续为监测开发新技术，探索可替代的监测技术。我们将寻求更好地利用信息系统来收集数据和保证数据库的兼容与整合，提高数据共享、数据质量和可获取性。

●与其他部门(环境部以外的)进行合作和信息共享，以满足我们对环境信息的需求。其他机构包括政府部门、研究协会、运营部门、慈善机构和志愿者团体。

●对所有环境署职能部门的信息进行整合。共同政策小组确定国家的优先监测计划，对长期商业计划提供建议。这将有助于避免不同部门进行重复监测，也有助于对引入新的职责进行更好的规划。

●对工作人员进行培训，让他们收集合适的质量数据，并保证考虑到所有健康和安全事宜，保证工作人员可以根据明确的程序、导则、操作指南和支撑信息来履行环境署的职责。

●我们也会利用其他单位收集到的监测数据以满足我们的目的，同时，我们也会将我们的数据以一种简单明了的格式向他们提供。

●我们保证我们处理生态数据的方法符合环境署有关数据和信息管理的要求。

11.4 环境署"你身边的环境"

环境署提供了环境信息在线互动地图系统。这个系统名为"你身边的环境",网址为http://www.environment - agency.gov.uk/homeandleisure/37793.aspx。键入邮政编码,通过地图界面可获得所有的许可和环境数据。图11.9~图11.11所示为一系列屏幕截图例子。

在互动页面上可以选择主题。

输入邮编或地址,屏幕就会显示下面一页,且地图具备调焦功能。

图11.11举例说明某一行政区域的环境问题和行动,本图是Reading西区。

可点击某一图像进入下一层信息。地图可调焦,可查看邻近区域和环境兴趣点。

这个简单的界面使得公众可以获得很多源自环境署数据库的环境信息,也使得环境署能完成其向公众公布环境数据的法定义务。当然,这并不是唯一的途径,公众还可通过"公众注册"直接向环境署要求获取信息。

通过网络向公众提供环境信息是一项创新举动。最早约在10年前就实现了,但当时参数比现在要少,目前已经扩展和改善了很多。

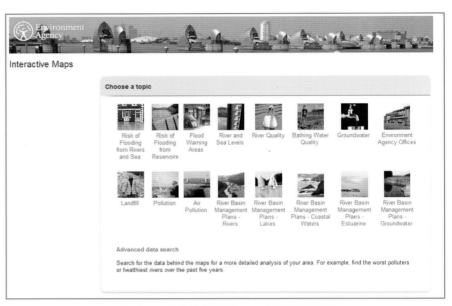

图11.9 你身边的环境——首页互动页面

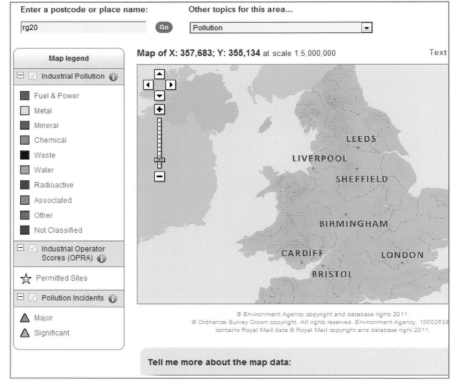

图11.10 你身边的环境——地图和邮编界面

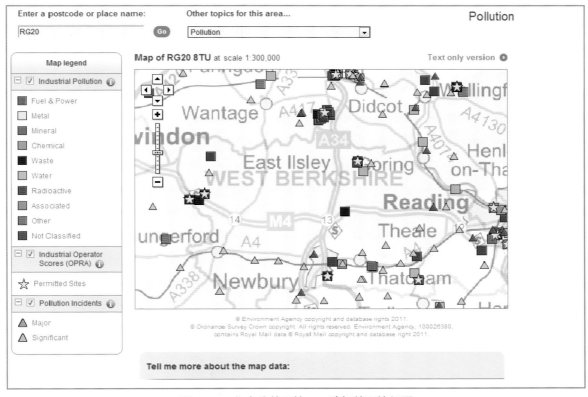

图11.11 你身边的环境——选择的环境问题

11.5 泰晤士河流域管理规划

泰晤士河流域管理规划是一份法定的公众文件，也是《欧盟水框架指令》流域管理过程的一个成果。规划草案在2008年向公众征求意见后提交给部长，在《欧盟水框架指令》要求的期限2009年底前签署。附件9是规划文件全文，图11.12是封面。这是《欧盟水框架指令》的一个很好的案例，其中的生态和生物要素可作参考，这也是本手册的重点。

11.5.1 泰晤士河流域区

泰晤士河流域区的面积为16 333 km^2，发源于格洛斯特郡，流经伦敦，最终流入北海。流域的东部和北部是高度城市化的伦敦城区，伦敦西部区域则是广阔的农村。

图11.13为泰晤士河流域区地图。

泰晤士河流域是英国人口最稠密的地区之一，拥有约1 500万人口。

商业占到整个泰晤士河流域区经济的1/5，交通也是一个重要的部门，包括伦敦港和提供国际海洋运输深水设施的麦德威港口。承办2012年奥运会也是经济的重要组成部分，将为伦敦东区提供重要的社会经济发展机遇。

尽管该区为英国人口最稠密和城市化水平最高的地区之一，但农业是它的一个很重要的部门。

2004年，流域内土地利用中耕地占30%，草地占19%，林地占11%。农业包括集约化的水果种植、蔬菜种植和机械化的乳品和奶牛养殖。要维持较好的环境和强劲的农村经济，必须实现农业的可持续发展。

11.5.2 泰晤士河流域管理规划——概述

泰晤士河流域管理规划是关于该流域区所面临的水环境压力，以及要解决这些问题所需要采取的行动。该规划是水框架指令的成果之一，也是6年规划周期的第一轮。

到2015年，22%的地表水(河流、湖泊、河口和近岸海域)至少有一项生物、化学或物理要素得到改善，这是水框架指令中"良"类评估的一部分，包括流域区1 737 km²的河网区内鱼类、磷、特殊污染物和其他要素等指标的改善。

到2015年，25%的地表水要达到"良"或"优"状态，17%的地下水要达到"总体良好"状态。总的来说，25%的水体到2015年要达到"良"。环境署计划到2015年苏格兰和威尔士的地表水在此基础上再提高2个百分点。

水环境评价的生物部分——植物和动物群落是主要的指标。地表水中至少30%的评价水体到2015年将达到生物状况"良"或更好。

虽然我们在保护自然资源和净化过去造成的水环境问题方面已经有了很大的进展，但是还存在一些问题，主要问题包括：

●污水处理设施造成的点源污染；

●水体的自然结构变化；

●农业生产造成的面源污染；

●取水问题；

●城市面源污染。

目前，由于这些问题的存在和

英国
环境署

生命和生活用水

泰晤士河流域管理规划

图11.12　封面——泰晤士河流域管理规划

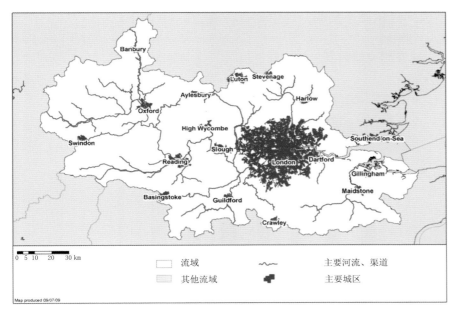

图11.13　泰晤士河流域区地图

23%的水体的生态状况
现在至少要达到"良"

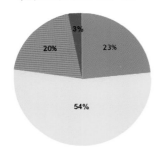

25%的评价水体到2015年
生态状况至少要达到"良"

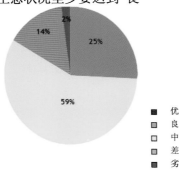

- 优
- 良
- 中
- 差
- 劣

图11.14　现状和2015年地表水生态状况

28%的评价水体的生物状况
现在至少要达到"良"

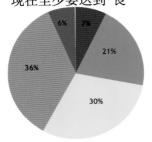

34%的评价水体到2015年
生物状况至少要达到"良"

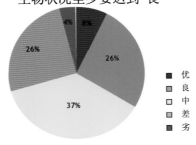

- 优
- 良
- 中
- 差
- 劣

完成所有的生物评价以后，注意可能会变成24%的评价水体达标

完成所有的生物评价以后，注意可能会变成30%的评价水体达标

图11.15　现状和2015年地表水生物状况

水框架指令设置的环境标准调高，现状只有23%的地表水生态状况达到"良"，35%的地下水水量达到"良"，28%的评价水体生物状况达到"良"，尽管我们期望对所有的水体进行评价后，这个数据能变成24%。

为了实现这些目标，每个人现在和将来都必须承担各自的职责，流域管理是这一代人的一个机遇，所有的人和机构都要携起手来为改善水环境质量尽力，创造一个我们都引以为豪和乐享其中的环境。

11.5.3　泰晤士河流域管理规划——生态和生物

水框架指令的目标之一就是到2015年水体达到"良"，然而，75%的地表水在这个时限之前不可能实现这个目标。就目前对水环境的压力、来源，以及解决这些问题要采取的行动而言，水环境改善程度很有限。到2015年，22%的地表水——126个水体的一个或多个监测指标要得到改善，换言之，也就是1 737 km的河流或运河要得到改善。

图11.14和图11.15所示为现状和2015年的生态和生物状态。到2015年，25%的地表水生态状况至少要达到"良"或接近良好状态，34%的地表水生物状况至少要达到"良"。

这个规划的一个突出的问题是，依照《欧盟水框架指令》的分类体系，实行的是"一项不达标，则全部不达标"。图11.16揭示的就是这个问题以及不达标的个别指标，从中可以看出每项要素的预期改善情况。

11.5.4　泰晤士河流域管理规划——未来采取的行动

流域管理规划中制定了国家和

地方层面所要采取的具体行动，包括定期汇报环境署如何使用其环境监测计划以及来自于其他项目的信息来评估监测工作是否达到了环境目标。环境署据此更新水体状况分类并检查年度进展。

2012年底会出版一份中期报告，包括：

● 介绍规划中制定的工作进展情况；

● 安排规划出版后的新工作；

● 评价其在达到环境目标方面

的进展。

下一轮2015~2021年以及再下一轮到2027年的规划也已经开始着手准备，如果你对未来一轮的规划有任何建议，请联系我们。

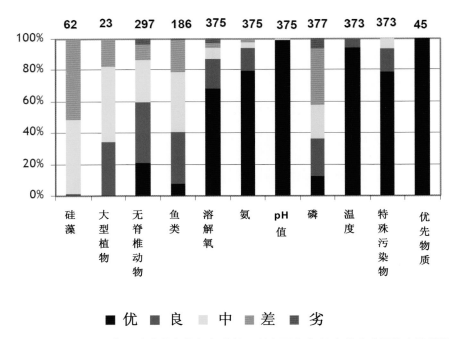

■ 优 ■ 良 ■ 中 ■ 差 ■ 劣

图11.16 预测2015年河流水体各指标每种状况所占百分比(柱上数字为评价水体总数)

11.6 河流栖息地调查——2010年简报

河流栖息地调查是《欧盟水框架指令》生态和生物监测的很重要的组成部分，它为评价环境压力以及如何改善提供了地貌及滨岸带信息。这是建设大型数据库的一个很复杂的技术过程，英国和爱尔兰的河流栖息地调查中介绍了这一过程。可参考附件5中的现场调查手册，2003。

2006年5月至2008年9月，环境署完成了英格兰和威尔士的4 800个点的河流的三年期调查。图11.17是报告的封面：环境署，2010，我们的河流栖息地，英格兰、威尔士和马恩岛的河流栖息地状况：简报。这份报告提供了有关河流栖息地的现状，使我们有可能将之与1995~1997年基准调查的结果进行比较，同时找出哪些地方需要改进。

这份简报为如何编写一份简单的、高水平的公众信息摘要以强调河流栖息地的重要性提供了一个范例。附件9是报告全文。

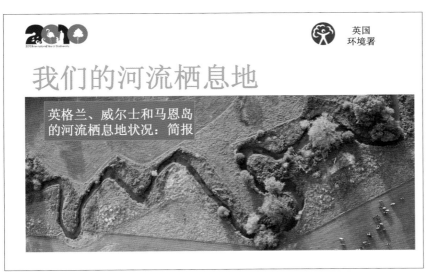

图11.17　封面——我们的河流栖息地

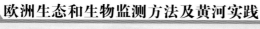

12.摘要与讨论

这本手册为大家提供了欧洲实施水框架指令的主要进展及其支撑的技术文件，内容并不全面，只是为满足中国水利部和环境部的要求而编写的，因为中国目前正在开发此类方法。

本手册主要以欧盟及其成员国以及相应的环境保护、监测和研究机构的技术和科研成果为依据，所有的参考文献和资料来源都是向公众开放的，主要文献的全文附在CD中，可能以后将会翻译成中文。

本手册侧重适用于地表水，主要是河流与湖泊的生态和生物监测方法，相关的原理也适用于过渡水体和海洋监测，但这不是本手册的内容。虽然地下水也是一个重要的水源，但本手册尚未涉及。相似的原则同样也适用于那些人为改变非常严重的水体及人工水体，但相应的生态良好的目标需另行制定。制定这些目标的指南见CIS第4号指导文件——人为改变很严重的水体及人工水体的确认和设计。

《欧盟水框架指令》旨在为保护欧洲水环境而在欧盟内部实行统一的方法。它为中国提供了一个范例，中国可以根据实际情况改变其所含的要素。虽然主要的原理是一样的，但不是所有案例中所有技术方法都适合中国国情，必须根据具体情况加以变通，尽快找到一些新方法来评价和保护中国水资源。

对水环境状况的了解是环境保护关键性的第一步，环境监测计划就是为了确定环境问题和风险及评价与管理流域和水资源提供有效信息。第3章介绍了如何编制监测计划，在流域初步特征调查中，地理、地质、水文和生态评价同时进行，这是了解流域需求的非常重要的一步。

分类体系有助于保证水系统现状公报的一致性和可比性，此外，还可以确立和评估目标类别，这对保护和改善流域中各种类别的水体状况非常关键。《欧盟水框架指令》为每一地表水类型建立了一套五级分类体系：优、良、中、差、劣，这是基于参考条件的体系，每一类别代表水生生态系统的监测指标所受人为干扰的程度。

可以根据五级分类体系对水环境现状与目标要求进行比较，并进行简单的汇报和通报。基本方法和证据必须是全面的和可重复的，这对通过流域规划确定基础设施投资以改善水环境质量尤为重要。为了满足确定性要求，欧盟投资开发了很多分类和评价工具，各成员国和成员国之间的合作机构也在事实证据和科学理解的基础上，开发出了很多复杂的和统计全面的方法，将对这些方法进行逐步改进并向公众提供，其中有一些方法经过改进以后可满足中国的需要。能获取详细的方法可加快进度，同时也可以提高各级部门的理解水平。

如何将政策和理论应用于具体的实践才是最关键的。野外监测和采样分析将为河流管理决策提供基础信息。收集野外信息花费不菲，但是比起后面的基础设施投资、管理以及法规落实起来费用要低得多。因此，必须保证实施准确的、经济有效的、能提供足够信息的监测计划和程序。

为了应对现实中的各种不同情况，野外监测方法必须是可重复的和灵活的。因此，为保证监测的有效性，监测机构、环境部门和商业监测公司已经投资开发了操作手册、野外监测指南以及培训教材。

内部汇报和提供管理信息以及向公共提供信息是有效的流域规划和改善环境的关键要素，欧洲很多出版物都以优秀实践案例的形式开展有关水环境和水资源问题的交流。

本手册从欧盟委员会、成员国以及从事流域综合管理领域的一些主要机构和个人介绍《欧盟水框架指令》的资料中选取了主要的指导文件。参考文献给出了文献来源，其中多数的参考文件原文在随附的CD中。但是，我们所列的参考文献难免挂一漏万。随着《欧盟水框架指令》的继续实施以及政策和科学的发展，正在增添新的文件。

每一个欧盟成员国都在遵循《欧盟水框架指令》的总的指导原则的基础上，开发了本国的监测、采样、分析和评价方法。《欧盟水框架指令》和欧盟委员会鼓励下级各部门进行合作和改进，开发各地的方法。每个成员国都为了一个共同的欧洲目标制定了各国的文件和指南，来支撑各自的实施计划。本手册中，侧重介绍了英国、荷兰和其他国际合作项目。欧盟以外其他国家的监测方法也同样有效，澳大利亚和美国的一些好的做法经过改良也已经在中国某些河流开展试点研究。没有哪一个案例可以直接移植到中国，所有的方法都必须根据本地和区域的具体情况加以改进。本手册审视了欧洲现行的一些指南，为中国保护和改善流域水环境及制定类似的体系提供了国际案例借鉴。

希望本手册能为中国所有的水管理机构、从事下一阶段流域评价和管理的水管理人员和专家提供有益的参考。感谢中国—欧盟流域管理项目为本手册的编写提供了方便。

71

13.黄河健康评估研究与实践

13.1 中国河流健康评估发展历程

自20世纪90年代以来，中国开始在河流管理中重视生态保护和恢复，河流健康理论逐渐成为河流生态修复的重要依据。2002年，唐涛等首次系统介绍了国外河流生态系统健康及健康评价的概念，随后，国内学者（董哲仁，2005；赵彦伟，2005；刘晓燕，2006；王龙，2007；张晶，2010）在河流健康评价指标体系、评价方法学及河流可持续管理方面开展了较多的工作。2003年，在第二届黄河国际论坛上，黄河水利委员会主任李国英提出将"维持河流健康生命"作为黄河国际论坛的主题，引发了对河流健康的探讨与研究。黄河水利委员会、长江水利委员会、珠江水利委员会、海河水利委员会等中国流域管理机构在借鉴国外河流健康研究的基础上，相继提出了各自河流的健康概念、内涵及评价指标体系和评价方法等。王备新（2005）、张远（2006）、吴阿娜（2006）、胡春红（2008）等也在不同区域开展了河流健康评估的试点研究工作，从河流生态系统的服务功能出发，关注河流的防洪安全、水资源开发利用程度及其可能带来的河流生态安全，尝试从河流健康角度出发探求河流生态修复及河流管理的新途径。2010年，水利部印发了《全国重要河湖健康评估（试点）工作大纲》与《河流健康评估指标、标准与方法（试点工作用）》，正式启动了由水行政主管部门牵头的全国层面的河湖健康评估试点工作，这一工作在中国河流管理与保护工作中具有重要的划时代意义。

从河流健康理论和实践研究内容来看，中国河流健康评价中注重河流自身生态健康和服务功能健康，大部分学者认为生态系统健康的河流不仅是河流生态系统保持物理化学及生物方面的完整性，而且能维持其对人类社会提供的各种服务功能，健康的河流是河流自然功能和社会功能取得平衡的河流。在河流健康评价指标方面，已经形成水质指标、水文指标、生物指标、物理形态指标及社会服务功能指标等综合河流评估指标体系。在评估尺度方面，河流健康评价已经从区域评估向流域评估转变，流域尺度的河流健康评估已引起人们的高度重视。在评估对象方面，已经从关注自然状态较好的山区河流向受人为干扰严重的城市河流转变。在评估应用方面，开始突破单纯现状评价及问题识别，进一步关注在河流管理领域内的实际应用。

目前，河流健康已成为中国水利可持续发展和流域综合管理的主要目标，但河流健康评估作为维持水生态安全的基础工作，尚处于初级阶段，对于河流健康的内涵、评估指标、评估方法等还存在许多争议与问题。中国河流健康评价仍主要借助于物理、化学手段，辅以生物监测评估河流水质状况。2009年水利部启动了全国重要河湖健康评估工作，制定了河流和湖泊健康评估指标、标准与方法。由于中国幅员辽阔，自然地理与生态分区多样化，区域生态环境差异性较大，各流域机构结合各自的特点，在全国河流湖泊健康评估指标体系框架下，尝试建立各流域健康评估的指标体系。与《欧盟水框架指令》相比较，中国的河流健康评估存在着起步较晚，水生态监测与相关研究基础薄弱，监测与评估技术方法不成熟，缺少流域其他相关专业部门的参与，以及用水户、流域内居民的参与等诸多问题，同时，河流管理者及广大公众对河流健康评估的重要性与紧迫性的认识还未达到一定的高度。这些因素均在很大程度上制约着全国河流健康评估工作的开展与深入进行。

13.2 黄河健康生命的指标体系

13.2.1 黄河流域概况

黄河是中国的第二大河，发源于青藏高原巴颜喀拉山北麓海拔4 500 m的约古宗列盆地，流经青海、四川、甘肃、宁夏、内蒙古、陕西、山西、河南、山东等9省（区），在山东省垦利县注入渤海。干流河道全长5 464 km，流域面积79.5万km²（包括内流区4.2万km²）。黄河是中国西北、华北地区重要的水源，流域内土地、矿产资源特别是能源资源十分丰富，在国家经济社会发展中具有十分突出的战略地位。黄河又是一条自然条件复杂、河情极其特殊的河流，"水少沙多、水沙关系不协调"，上中游地区的干旱风沙、水土流失灾害和下游河道的泥沙淤积、洪水威胁，严重制约着流域及相关地区经济社会的可持续发展。

由于泥沙含量大，透明度低，水极度混浊，阳光难以透射进入，并且黄河水流湍急，底质多为泥沙、石砾或石底，缺乏腐殖质，所以黄河与其他河流相比，浮游植物、浮游动物、底栖生物种类和数量相对贫乏，生物量较低。根据原国家水产总局调查，20世纪80年代黄河流域有鱼类191种，干流鱼类有125种，其中国家保护鱼类、濒危鱼类6种。黄河上游特别是源区分布有似鲇高原鳅、花斑裸鲤等高原冷水鱼，是黄河特有的土著鱼类；中下游鱼类以鲤科鱼类为主，多为广布种；河口区域鱼类数量及总量相对较多，洄游性鱼类占较高比例，代表性鱼类主要有刀鲚、鲻鱼等。

近年来，尽管黄河流域水污染防治力度加大，水生态环境得到一定程度的改善，但目前黄河受纳的污染物量已超出水环境自身的承载能力，流域水污染形势严峻，流域结构性水污染突出，治理水平较低。同时，流域经济社会发展同生态保护的矛盾日渐突出，河流生态用水不足、水污染、河流阻隔等影响黄河水生态系统，造成湿地萎缩、水生物生境破坏，水源涵养、生物多样性等生态功能下降。

13.2.2 黄河健康生命理论与评估指标体系

随着社会经济发展，黄河流域水资源供需矛盾日益突出。大量生态用水被挤占，下游河床萎缩加剧，洪水威胁严重；水土流失尚未得到有效遏制；黄河水污染日趋严重，河流生态系统恶化。2003年黄河水利委员会在广泛吸取国内外河流治理开发的经验，从战略高度提出维持黄河健康生命的治河新理念，并开展了维持黄河健康生命的理论体系研究，提出黄河治理的终极目标、主要标志、实施途径和措施以及实现目标的主要手段。黄河治理的终极目标是"维持黄河健康生命"，主要标志是"堤防不决口，河道不断流，污染不超标，河床不抬高"，主要实施途径和措施包括减少入黄泥沙的措施建设、流域及相关地区水资源利用的有效管理、实施黄河水资源量的外流域调水、黄河水沙调控体系建设、制定黄河下游河道科学合理的治理方略、使下游河道主槽不萎缩的水量及其过程塑造、降低污径比使污染不超标的水资源保护措施、治理黄河河口以尽量减少其对下游河道的反馈影响以及黄河三角洲生态系统的良性维持等。这些途径与措施的核心在于解决黄河"水少"、"沙多"和"水沙不平衡"以及如何保持以黄河为中心的河流生态系统良性发展的问题。

在"维持黄河健康生命"理论体系的指导下，黄河水利委员会开展了黄河健康评估指标体系的研究与探索，认为健康黄河是指在一定时期内其自然功能和社会功能能够均衡发挥情况下，黄河仍具有通畅稳定的河床、良好的水质、可持续的河流生态系统和连续而适量的河川径流（刘晓燕，2006）。现阶段黄河健康的标志可表达为：连续的河川径流、通畅安全的水沙通道、良好的水质、可持续的河流生态系统、一定的供水能力。这些标志可用低限流量、河道最大排洪能力、主槽过流能力、滩地横比降、水质类别、水生生物、湿地规模和黄河对人类的可供水量等8个定量指标来进行表征与评估。由于黄河不同河段的生态差异性，这些指标在不同河段有不同的量化标准，如黄河入海流量应不小于50~260 m³/s，渭河入黄流量应不小于12~95 m³/s，黄河下游主槽过流能力应不小于4 000 m³/s，兰州以下河段水质应好于III类，河流生态应恢复到20世纪80年代后期的规模等。

13.3 黄河水生态保护的研究与实践

13.3.1 黄河水生态保护的重点目标

河流生态保护是一个系统工程，黄河水利委员会在河流水资源与水生态保护的实践中逐步认识到，具体生态斑块级别上的局部和单目标决策的保护研究，不能满足流域生态多目标和综合保护的要求；同样，仅仅通过实施局部生态群落、景观单元基础上的生态保护和修复管理，也不能统筹解决河流系统保护的问题，一些区域更可能因忽视水资源的支撑条件，对湿地景观进行过度修复甚至重建，产生大范围和流域性的生态失衡问题。因此，对黄河水生态的保护首先需要识别保护目标，其次需要确定其保护优先序，以及合理的保护格局，最后是采取合理的生态保护与修复对策措施。

水生态健康是黄河河流健康的主要标志之一，而在当前仍以河流工程开发利用为主的情况下，实现河流水生态的全部健康似乎可能性较小。因此，确定黄河水生态保护的重点目标，加以重点保护，这是目前黄河健康保护亟待解决的问题。黄河水利委员会在大量研究的基础上，认为与黄河密切联系的黄河湿地、具有黄河特色的土著鱼类及其栖息地是黄河干流水生态保护的重点目标。详见表13.1及表13.2。

表13.1 黄河重要保护湿地

区域	湿地名称	国家相关定位和要求		主要生态功能
源区	青海三江源湿地（黄河源部分）	水源涵养生态功能区，水功能区的保护区和保留区，国家限制开发区	国家水源涵养生态重要区	涵养水源，保护生物多样性，调节气候，维护流域生态平衡
	四川曼则唐湿地			
	四川若尔盖湿地			
	甘肃黄河首曲湿地			
上游	甘肃黄河三峡湿地	土壤保持生态功能区		提供社会服务，保护生物多样性
	宁夏青铜峡库区湿地	农产品提供生态功能区		保护生物多样性
	宁夏沙湖湿地			提供社会经济服务，调节区域小气候
	内蒙古乌梁素海湿地			保护生物多样性，调节区域小气候
	包头南海子湿地			提供社会经济服务，保护生物多样性
	内蒙古杭锦淖尔湿地			保护生物多样性
中游	陕西黄河湿地	农产品提供生态功能区		保护生物多样性，净化水质，提供社会经济服务
	山西运城湿地	农产品提供生态功能区，水源涵养生态功能区		
	河南黄河湿地	水源涵养生态功能区		
下游	郑州黄河湿地	农产品提供功能区		保护生物多样性，洪水滞蓄
	新乡黄河湿地			
	开封柳园口湿地			
河口	黄河三角洲湿地	生物多样性保护功能区，水功能区的保留区	国家生物多样性保护重要区	保护生物多样性，防止海水入侵，调节气候，维护流域生态平衡

表13.2 　　　　　　　　　　　　　　黄河重要保护鱼类及栖息地

河段	重要保护鱼类	重要栖息地	
龙羊峡以上	拟鲇高原鳅、极边扁咽齿鱼、花斑裸鲤、骨唇黄河鱼、黄河裸裂尻鱼、厚唇裸重唇鱼、黄河高原鳅等	鄂陵湖、扎陵湖及其以上干支流和附属湖泊，黄河峡谷激流河段和较为宽阔的回水湾	分布有扎陵湖、鄂陵湖花斑裸鲤极边扁咽齿鱼水产种质资源保护区、黄河上游特有鱼类国家级水产种质资源保护区
龙羊峡至刘家峡	极边扁咽齿鱼、黄河裸裂尻鱼、厚唇裸重唇鱼、花斑裸鲤、兰州鲇	水库库尾河段、支流河口	分布有黄河刘家峡兰州鲇水产种质资源保护区
刘家峡至头道拐	兰州鲇、黄河鲤、大鼻吻鮈、北方铜鱼	中卫至石嘴山、三盛公至头道拐	分布有黄河卫宁段兰州鲇水产种质资源保护区、黄河青石段大鼻吻鮈水产种质资源保护区、黄河鄂尔多斯段黄河鲇水产种质资源保护区
头道拐至龙门	兰州鲇、黄河鲤	万家寨库区、天桥库区	—
龙门至小浪底	黄河鲤、兰州鲇	龙门至潼关、小浪底库区	分布有黄河恰川乌鳢水产种质资源保护区
小浪底至高村	黄河鲤、赤眼鳟、草鱼	黄河郑州河段、伊洛河口	分布有黄河郑州段黄河鲤国家级水产种质资源保护区
高村至入海口	刀鲚、鲻鱼和梭鱼	黄河济南河段、东平湖口、黄河入海口	—

13.3.2 黄河重要断面环境流研究

河流环境流是维持河流生态环境的重要措施，国际上对此已达成共识。黄河环境流问题研究始于对输沙水量的关注，"八五"科技攻关项目"黄河流域水资源合理分配和优化调度研究"，对黄河下游河道汛期和非汛期的输沙用水进行分析。之后，众多科研工作者对黄河环境流开展了大量研究，成果也不断得到丰富与完善，有代表性的是刘晓燕在国家"十一五"科技支撑计划重点项目"黄河健康修复关键技术研究"中，运用改进了的Tennant法、90%保证率最枯月平均流量法等，耦合提出了黄河干流8个断面的适宜环境流量，以及黄河流域水资源保护局在中荷合作项目"黄河河口生态环境需水量研究"

中，运用了水力学、景观生态学等综合方法，提出了黄河河口淡水湿地维持一定规模下的生态需水量指标。

与国内其他河流相比，黄河环境流的相关研究借鉴了澳大利亚、南非等国外先进的理念、思路和技术，实现了生态学、水文学及水力学等学科结合，并吸引了广泛的利益相关者参与，在国内环境流方面取得了一定突破和创新，且环境流相关研究成果在黄河的水资源配置与统一调度实践中得到了应用，取得了较好的生态效果。

黄河水利委员会目前已基本研究确定黄河主要断面关键期的环境流成果（见表13.3），并把它纳入新一轮的《黄河流域综合规划》（2010），提出了具体的保障措

施，这将成为逐步改善黄河恶化水文水资源条件，修复黄河水生态的重要措施。

13.3.3 黄河水生态目标的保护策略

13.3.3.1 重要湿地的保护

在流域水资源管理和保护的原则框架下，分析流域湿地水资源支撑和干扰的生态学机制，参考自然保护区的相关评价指标体系和湿地经济评价体系等相关研究成果，针对黄河流域湿地生态特征，从湿地的生态服务功能、湿地的生态保护功能和湿地资源功能中筛选出16个主要指标，从流域和区域的功能体现与表征进行黄河湿地的生态评价，见表13.4。

在黄河流域湿地生态功能评价基础上，考虑湿地的国际、国家和

表13.3　　　　　　　　　　　　黄河主要断面关键期生态需水　　　　　　　　　　　（单位：m³/s）

断面	需水等级划分	4月	5月	6月	7～10月	水质要求
石嘴山	适宜	330	350		一定量级洪水	Ⅲ类
	最小	330				
头道拐	适宜	250	250		输沙用水	Ⅲ类
	最小	75	180			
龙门	适宜	240			一定量级洪水	Ⅲ类
	最小	180				
潼关	适宜	300			一定量级洪水	Ⅲ类
	最小	200				
花园口	适宜	320			一定量级洪水	Ⅲ类
	最小	200				
利津	适宜	120	250		输沙用水	Ⅲ类
	最小	75	150			

表13.4　　　　　　　　　　湿地生态评价指标体系框架

综合指数（目标层）	功能类型（准则层）	评价指标（指标层）
湿地生态评价综合指数 A	流域和区域层面上的生态服务功能B_1	均化洪水　C_1 涵养水源　C_2 调节气候　C_3 净化水质（过滤作用）　C_4 防治盐水入侵　C_5
	景观单元的生态保护功能B_2	野生动物栖息地 C_6 稀有性　C_7 多样性　C_8 代表性　C_9 自然性　C_{10} 脆弱性　C_{11}
	资源功能B_3	湿地供水　C_{12} 湿地动植物产品　C_{13} 湿地能源产品　C_{14} 研究与教育基地　C_{15} 旅游休闲　C_{16}

流域、区域的功能价值与维护的资源代价，根据国家主体功能区划、全国生态功能区划和流域水资源分区条件及优化配置可能，以湿地保护的水资源支撑和干扰条件为主要判定依据，从流域层面和黄河生态系统保护的角度，在统筹和兼顾区域生态系统保护利益的基础上，综合确定流域层面所关注的17块黄河重要湿地的优先保护次序，详见图13.1。

（1）从湿地生态功能分析，源区湿地和河口湿地生态功能评价综合得分最高，属流域应最优先保护的湿地资源。因此，对源区湿地坚持保护优先，限制或禁止各种不利于水源涵养功能发挥的经济社会活动和生产方式，严格限制水电资源开发，以自然保护为主，生态建设为辅，加强监测、监督和管理，建立生态补偿等机制，采取综合措施保证源区水源涵养、生物多样性保护等功能的正常发挥；河口湿地应以河口淡水湿地保护为重点，根据河口综合治理和入海流路总体布局，在自然保护为主的原则下，对因水资源短缺而诱发的湿地生态失衡状况进行适度的人工修复。

（2）黄河中下游洪漫湿地类型多样，生物多样性丰富，是国内迁徙鸟类重要的觅食、停歇和越冬地，综合得分仅次于源区和河口湿地，被列为流域次优先保护级别湿地。因此，对中下游洪漫湿地应加强水资源统一配置和调度，基本保障主要断面生态水量，保证沿黄洪漫湿地生态需水，实现防洪安全下的黄河洪漫湿地保护。

（3）黄河灌区乌梁素海湿地、黄河上游湖库及河漫滩湿地得分较低，为流域一般保护性湿地。对上游湖库、河漫滩等湿地应加强

天然湿地保护，将生态用水纳入省（区）水资源配置，根据水资源条件以水定保护规模，严格限制人工湿地规模和数量，实现区内黄河重要湿地适宜规模的保护和功能修复。

13.3.3.2　鱼类及其栖息地的保护

加强黄河土著鱼类和珍稀濒危鱼类及栖息地保护，保护重点河段鱼类洄游通道，严禁在鱼类产卵场、沿黄洪漫湿地采砂，实施禁渔区和禁渔期制度，禁止不合理捕捞，开展增殖放流，改善黄河水环境质量。其中龙羊峡以上为黄河上游特有土著鱼类天然生境保留河段，以鱼类及其栖息地保护为主，限制水电资源开发；上游梯级开发较集中河段因地制宜采取增殖站、过鱼设施建设及外来物种监管等措施保护土著鱼类物种资源，对水电工程进行生态设计；中下游加强沿黄湿地植被保护，限制岸边带不合理开发和开垦，实施植被修复工程，水生态保护重点河段堤防工程建设兼顾鱼类生境保护需求，保留一定宽度浅滩区域，保护鱼类产卵场；河口保持一定入海水量，保护河口鱼类洄游通道。

13.3.3　黄河水生态保护与修复实践

由于黄河水生生物十分贫乏，且研究基础薄弱，因此黄河水利委员会针对河流生态存在的问题，从保障黄河干流主要断面环境流量着手，对河流生态状况进行了初步评估，并开展了河流典型河段宏观层面的生态修复。

黄河环境流评估结果表明，整体上黄河干流环境流量与黄河大规模开发利用（20世纪50、60年代）前相比发生了很大变化，其现状满足程度较低，具体表现为：上中游

水电开发导致水文情势发生较大的改变，水电站的阻隔造成鱼类等水生生物生境受到破坏或改变，是造成上中游河流水生生物变化及资源衰减的主要原因；中下游由于大规模水资源开发利用（人类引水、水库调控等）及水环境的污染等的影响，水文情势也发生了很大的改变，导致流量过程的均匀化与河流的渠道化，生态用水满足程度很低，而水环境的污染则加剧了生态用水的短缺，进而造成水生生物资源的大幅度衰减与水生态环境的恶化。

在缺少相应生物监测基础资料的情况下，用环境流量满足程度，加上其他相关指标如天然湿地保存率及生态质量等简单指标，黄河水利委员会简明地评估了黄河干流主要河段的生态状况，并分析了黄河水生态恶化的原因。同样，从保障河流环境流量等方面，提出了宏观的生态修复对策措施，开展了黄河下游生态调度及黄河三角洲生态补水，取得了显著的生态、社会效益与经济效益。如自1999年黄河水量统一调度以来，已连续实现12年黄河下游不断流，生态水量满足程度的提高在一定程度上修复了下游河道湿地，改善了水生生物栖息环境。自2002年以来，黄河三角洲自然保护区结合黄河调水调沙及水量统一调度，开始引水恢复三角洲退化的淡水湿地，目前共完成湿地引水恢复近2万hm²，基本遏制了黄河三角洲淡水湿地退化趋势，保护区鸟类已从湿地恢复前的283种、400万只增加到2009年的296种、600万只。众多珍稀濒危鸟类开始在此繁殖，以对湿地环境要求苛刻、湿地变化反应敏感的指示物种东方白鹳为例，2002年以前东方白鹳在黄河

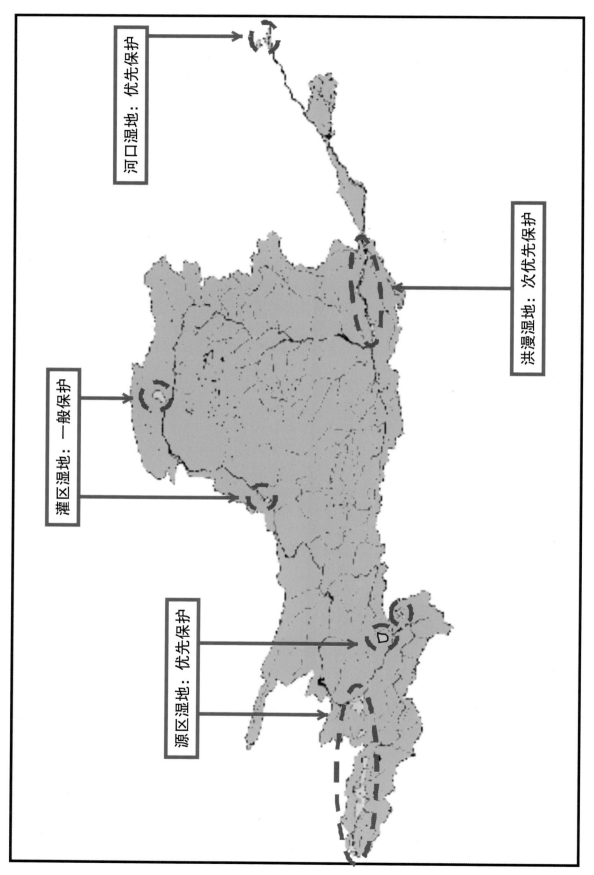

河口湿地：优先保护

洪漫湿地：次优先保护

灌区湿地：一般保护

源区湿地：优先保护

图13.1　黄河重要湿地保护格局

三角洲地区没有繁殖记录，2003年有1对开始在此繁殖，至2009年已有21对繁殖成功，孵化雏鸟53只，现在自然保护区已经成为我国东方白鹳重要的繁殖地。

13.4 黄河水生生物监测与评估实践

自2003年维持黄河健康生命理论提出以来，黄河水利委员会陆续开展了一些黄河健康状况的评价工作，具有代表性的是2008年开始的中澳合作项目与2010年开展的黄河重要河湖健康评估试点项目。两个项目均选择黄河下游河段作为评价河段，建立了各自的评价指标体系，并把水生生物的监测评估作为健康评估工作的重点，对黄河下游开展了健康评估。黄河健康评估试点工作的开展是系统健康评估工作的开始，为黄河系统、全面的健康评估奠定了基础。

13.4.1 黄河下游自然生态特点

黄河干流自河南省郑州市附近的桃花峪至河口为下游，流域面积为2.2万km²。下游河床高于两岸地表，很少有支流汇入。平原坡水支流有天然文岩渠和金堤河两条，地势低洼，流入不畅。山丘区汇入的较大支流有大汶河，流经东平湖汇入黄河。黄河下游海拔一般在100 m以下，年平均温度为8~14℃，多年平均降水量550~800 mm。

根据河道特征，黄河下游可以分为三段：白鹤至高村河段，该河段防洪面积较大，河势又游荡不定，历史上重大改道都发生在该河段，是黄河下游防洪的重要河段。高村至陶城铺（聊城市阿城镇）河段，长165 km，主流摆动范围较小，属于游荡向弯曲转变的过渡河段。陶城铺以下至入海口，长322 km，属河势比较规顺的弯曲性河段。该河段由于河槽窄、比较平缓，河道排洪能力较小，同时冬季凌汛期冰坝堵塞，易于造成堤防决溢灾害，防洪任务十分艰巨。

黄河下游河流水生生物较为贫乏，与黄河整体水生生物贫乏的特征相一致，浮游植物在组成上以硅藻、甲藻和绿藻为主，浮游动物以轮虫为主，鱼类以鲤科为主。自2001年小浪底水库建成运行以来，黄河下游已成为受人类高度控制的河流生态系统，其水文情势主要受人类调控作用，下游水生生物也发生了很大的改变，整体生物资源量呈下降趋势。

13.4.2 黄河下游健康评估河段划分

评估河段划分原则如下：

（1）河段划分应考虑河道地形地貌、水文及水利学特征、水生生物及社会经济发展的差异性。

（2）参照河段的水功能区划分及水资源分区情况，相同的水功能区水质目标或水资源分区尽可能划分为一个河段。

（3）水功能分区和水资源分区一致，评估河段较长的河段，考虑黄河干流常规水文及水质站点的设置再进行划分。

黄河小浪底至高村河段为游荡性河段，河槽宽浅，主流摆动频繁，比降较陡，河势变化剧烈。高村至陶城铺为游荡性向弯曲性过渡的河段，陶城铺至利津河段为受人工控制的顺直微弯性河段。根据黄河水资源分区、水生态分区及水功能区划的情况，黄河下游分为2个二级分区、2个水生态分区和9个二级水功能区。因此，根据以上划分原则，结合小浪底至利津河段的水文条件、河床及河滨带形态、水力学特点、土地利用状况及水功能区划分情况划分为7个河段，具体见表13.5。

13.4.3 水生生物调查时间及采样站位

根据内陆水域渔业自然资源调查手册（张觉敏、何志辉等，1991）、水库渔业资源调查规范（SL 167—96）、淡水生物资源调查方法（中国科学院水生生物研究所）、渔业生态环境监测规范（SC/T 9102—2007），结合实地考察需要，黄河小浪底至利津河段水生生物野外调查时间定为2011年8月，共设置采样点42个。图13.2为黄河水生生物野外监测照片。

黄河小浪底至利津河段共设置采样断面8个，分别为巩义断面、花园口断面、柳园口断面、高村断面、艾山断面、泺口断面、高青断面和利津断面，采样断面的分布状况如图13.3所示。水生生物调查指标有两个，分别是大型底栖无脊椎动物及鱼类，作为黄河水生生物重要的栖息地，天然湿地保留率则作为水生态的调查指标内容。

13.4.4 监测方法

底栖动物定性标本的采集使用抄网，定量标本的采集为：河流底使用D形网，湖泊和水库使用1/16 m²彼得生采泥器。采得泥样经

表13.5 评估河段划分情况

评估河段	起点	终点	长度（km）
小浪底大坝至花园口	小浪底大坝	花园口	128
花园口至夹河滩	花园口	夹河滩	106
夹河滩至高村	夹河滩	高村	83
高村至孙口	高村	孙口	130
孙口至艾山	孙口	艾山	63
艾山至泺口	艾山	泺口	109
泺口至利津	泺口	利津	175

图13.2 黄河水生生物野外监测照片

420 μm的铜筛筛洗后，置于解剖盘中将动物捡出，个体较小的底栖动物用湿漏斗法分离。捡出的动物用10%的福尔马林固定，然后进行种类鉴定、计数及称量，部分样品现场用解剖镜及显微镜进行活体观察。

鱼类调查以询问为主，同时结合拍照、网具捕捞等方式收集研究区域内已有相关鱼类资料，统计各调查区域所有渔获物，分类计数，并计算每种鱼在渔获物中的百分比。每种鱼类测量体长（cm），称量体重（g），记录其所处生活史阶段及被捕获区域各种环境参数，以评估其生物习性。主要环境参数包括气温、水温、水深、流速、浊度、电导、pH、盐度等。

13.4.5 水生生物评估标准值的确定

借鉴中国河流健康评估研究的理论，并结合黄河健康生命研究的相关成果，本次河流健康评估标准有以下5种方法。

（1）基于评估河流所在生态分区的背景调查，按照频率分析方法确定参考点，根据参考点状况确定评估标准。

（2）根据现有标准或在河流管理工作广泛应用的标准确定评估指标的标准。

（3）基于全国范围典型调查数据及评估成果确定标准。

（4）基于历史调查数据确定评估标准。

（5）基于专家判断或管理预期目标确定评估标准。

水生生物评估标准主要以历史数据来确定，对黄河下游评估河段采用20世纪80年代的调查数据为依据，由于人类开发利用程度不高，20世纪80年代黄河下游水生生物处于相对良好的状态。

13.4.6 水生生物评估的结果

黄河下游健康评估采用评分法确定健康状况，共分为五级：理想状况、健康、亚健康、不健康、病态。具体见表13.6。

13.4.6.1 天然湿地保留率指标

根据1986年和2008年黄河下游天然湿地遥感解译资料，1986年黄河下游天然湿地面积为190 260 hm²，2008年天然湿地面积为164 365 hm²，天然湿地保留率为86%，黄河下游河段湿地总体处于

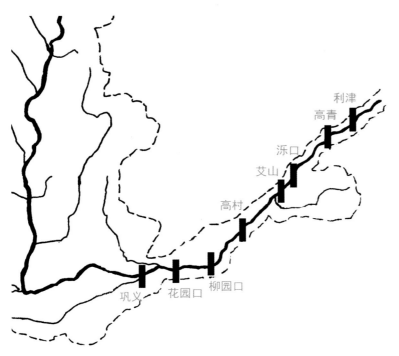

图13.3　黄河干流采样断面分布示意图

健康状态。

13.4.6.2　底栖生物完整性评价

采用大型无脊椎动物完整性指数进行评估，选取各监测站点20世纪80年代的监测数据作为参照值，对黄河下游5个点位的底栖生物完整性进行评价。从不同断面的底栖动物监测资料来看，花园口断面底栖动物种类较20世纪80年代有所增加，但生物量减少较多，其中对生物量贡献较大的个体较大的软体动物减少较多，在黄河下游各站点中，泺口、高村、高青和利津河段属于理想状态，而巩义河段属于病态状态。

13.4.6.3　鱼类损失指数指标

1981年黄河水系渔业资源调查中，黄河下游段共发现鱼类71种（包括16种半咸水种），在计算巩义、花园口、柳园口、高村、艾山和泺口断面的鱼类损失指数时排除了半咸水种，而高青和利津断面则包括半咸水种。本次鱼类损失指数以历史调查的下游鱼类种类数为准。与历史资料相比，黄河下游鱼类种类数由71种减少至43种。因此，从鱼类损失指数这一指标来评估，黄河下游河段属于不健康状况。

从某种程度上看，鱼类种类数在健康评价中的规律性不十分明显，这主要是因为鱼类的调查难度较大。但通过鱼类损失指数所反映的基本规律依然有一定价值：由于黄河干流巩义、花园口及柳园口河段分布较大面积的湿地，为鱼类提供了较为丰富的食物来源，因此黄河干流巩义、花园口、柳园口河段得分较高。

表13.6　　　　　　　　　　　黄河下游健康评估分级情况

等级	类型	颜色	赋分范围	备注
1	理想状况	蓝色	80~100	接近参考状况或预期目标
2	健康	绿色	60~80	与参考状况或预期目标有较小差异
3	亚健康	黄色	40~60	与参考状况或预期目标有中度差异
4	不健康	橙色	20~40	与参考状况或预期目标有较大差异
5	病态	红色	0~20	与参考状况或预期目标有显著差异

13.5 未来黄河健康评估的方向

（1）明确河湖健康评估工作法律地位，建立河湖健康评估的工作机制。

目前，全国的河湖健康评估工作只是按照水利部的要求进行试点，缺少与这项工作重要性相对应的法律法规，而流域健康评估的工作机制也没有建立起来，在很大程度上制约着河流健康评估工作的顺利开展。因此，需要从国家层面明确河湖健康评估的法律地位，从流域或地区层面联合各专业机构、团体，明确责任分工，建立河湖健康评估的良性工作机制，确保这项工作的不断推进。

（2）建立黄河水生态监测体系。

黄河水生态评价起步较晚，历史监测资料极度缺少，几无系统监测能力，导致黄河水生态历史不清，现状不明，水生态监测体系建设与监测能力提升是决定黄河水生态健康评价的关键。因此，今后流域管理机构亟需加强水生态监测基础研究、基础设施建设，建立黄河水生态监测体系，重点监测湿地、水生生物及其生境要素，建设黄河水生态数据库，构建基于水量调度的生态效益监测评估反馈体系，为优化黄河水资源统一调度提供科学依据。建立健全水生态保护监管组织和机构，建立流域水生态保护管理和制度体系，提高水生态保护监管能力。新一轮的《黄河流域综合规划》（2010）已明确提出近期（2020年）基本建成黄河水生态监测体系，开发水生态数据库，建立水生态信息管理系统；远期（2030年）进一步完善水生态信息采集与应用系统。

（3）建设黄河健康状况公众信息发布与共享系统。

由于各种原因，目前中国尚未建立河流健康状况公众信息发布与共享系统，河流生态健康状况的调查评价主要由科研院所与流域管理机构开展，广泛的公众参与机制尚未形成。黄河流域由于洪涝灾害频发，水资源供需矛盾突出，水污染严重，因此防洪抗旱、水量调度及水资源保护的公众参与机制逐步形成，水生态保护的公众参与机制相对落后。《黄河流域综合规划》（2010）已明确提出了流域信息发布能力建设，根据法律法规和有关规定，向社会和有关机构发布流域治理开发的政务、水文、汛旱情、水质、水土保持等方面的信息等，以反映流域治理情况，保障社会公众知情权，取得社会支持和接受社会监督。黄河水利委员会未来将按照水利部的统一安排，建设黄河健康评估信息发布系统，及时向公众发布黄河健康状况，征求社会公众对黄河水资源与水生态保护等的意见与建议。

（4）构建更为完善的黄河健康评估指标体系。

目前，黄河健康评估仅仅是在黄河水资源与水生态重点关注的方面开展了相关的研究与评价，水环境的评价仅限于物理与化学指标的评价，水生生物的监测评价刚刚开始，基础十分薄弱，完善的黄河健康评估体系尚未形成。建立完善的黄河健康评估指标体系需要重点关注以下方面：一是黄河防洪排沙的河流功能；二是黄河水资源社会经济与生态供给的满足程度；三是黄河水土流失的治理状况；四是黄河水环境质量状况；五是河流及其相关联的重要湿地水生态状况等。在黄河水生态方面应加强监测与能力培养，水环境的评价应与水生态相结合，逐步采用物理、化学与生物等综合指标进行评价。

参考文献

[1] 董哲仁.河流健康的内涵[J].中国水利,2005(4):15-18.

[2] 赵彦伟,杨志峰.河流健康：概念、评价方法及方向[J].地理科学,2005,25(1):119-124.

[3] 李国英.维持黄河健康生命[M].郑州：黄河水利出版社，2005.

[4] 李国英.黄河治理的终极目标是"维持黄河健康生命"[J].人民黄河,2004,26(1):1-3.

[5] 刘晓燕,张原峰.健康黄河的内涵及指标[J].水利学报,2006,37(6):649-661.

[6] 刘晓燕，张建中，张原峰.黄河健康生命的指标体系[J].地理学报,2006,61(5):451-460.

[7] 刘晓燕,张建中,常晓辉,等.维持黄河健康生命的关键途径分析[J].人民黄河,2005,27(9):5-9.

[8] 王龙,邵东国,郑江丽,等.健康长江评价指标体系与标准研究[J].中国水利,2007(12):12-15.

[9] 张晶,董哲仁,孙东亚,等.基于主导生态功能分区的河流健康评价全指标体系[J].水利学报,2010,41(8):883-888.

[10] 王备新,杨莲芳,胡本进,等.应用底栖动物完整性指数B-IBI评价溪流健康[J].生态学报,2005,5(6):1481-1490.

[11] 张远,郑丙辉,刘鸿亮,等.深圳典型河流生态系统健康指标及评价[J].水资源保护,2006,22(5):13-17.

[12] 吴阿娜,杨凯,车越,等.河流健康评价在城市河流管理中的应用[J].中国环境科学,2006,26(3):359-363.

[13] 胡春宏,陈建国,孙雪岚,等.黄河下游河道健康状况评价及治理对策[J].水利学报,2008,39(10):1190-1195.

14.术语表

外来物种：是指那些出现在其过去或现在的自然分布范围及扩散潜力以外(即在其自然分布范围以外，在没有人类影响之下而不能存在)的物种、亚种或以下的分类单元。（同义词：非本地的(non-native)、非土著的(non-indigenous)、外国的(foreign)或外地的(exotic)物种）

人工水体(AWB)：一个分离的、重要的人工水体或人工水体的一部分(与人工改变的自然水体相对)，可以支撑一个功能水生生态系统或具有支撑潜力，包括运河、某些码头以及人工水库。

环境目标：水框架指令第4条的手段和目标。目标包括水体保护、达到良好状态以及指令的其他环境要求。

环境质量标准：指为保护人群健康和环境，水、泥沙或生物中某种特殊污染物或一组污染物的允许浓度。

地下水：是贮存于地表以下包气带中、与地表或底土直接接触的水。

大型藻类：多细胞藻类，如海藻和丝藻类。

大型无脊椎动物：大型(裸眼可见)的没有脊柱的动物，生活在水生环境中，如昆虫(幼虫)、蠕虫、蜗牛等。

大型植物：大植物，特别包括开花植物、苔藓和大型藻类，但不包括单细胞的浮游植物和（或）硅藻。

成员国：水框架指令中所界定的属于欧盟的所有国家。其他独立国为了与欧盟合作可以选择遵守水框架指令，但不是强制要求。与中国的省相类似。

结果：欧洲社会所要求的流域内的总的环境、经济和社会条件，包括：良好的水环境；适合饮用和休闲等用途，并为人民生活和经济用途(如旅游)提供健康的环境和健康的生态系统。

浮游植物：生活史的全部或部分时间漂浮在水中的、单独的建群的单细胞藻类和蓝细菌。

底栖植物：生活在底部，如岩石、芦苇秆等上面的水生藻类，通常底栖植物群落只由一组硅藻组成。

压力：对水环境造成潜在的负面影响的人类活动，如抽水、排污或工程设施。

质量要素：水框架指令中所列的水生生态系统的某一特征，是用来衡量和评价生态系统质量的一部分。

参考条件：用于跟作用于地表水生态系统的人工活动相对照的基准状态，可用有关分类方案来测量和汇报。

流域：有时也称为河流集水区。一个流域是指一系列汇入海洋或河口三角洲的支流或干流或者湖泊形成的地表径流所流经的陆地区域。

地表水：指河流、湖泊、河口(有时称为过渡水域)和近岸水域。

水体：是构成流域规划过程的基础单元，指环境目标的亚单元。水体大小取决于最佳管理单元和受影响水域的变化程度。

1. AQEM project. Website: http://www.aqem.de/.

2. AQEM consortium, 2002. Manual for the application of the AQEM system. A comprehensive method to assess European streams using benthic macroinvertebrates, developed for the purpose of the Water Framework Directive. Version 1.0.

3. Barbour, M.T., Gerritsen, J., Snyder, B.D. and Stribling, J.B., 1999. Rapid bioassessment protocols for use in wadable streams and rivers: periphyton, benthic macroinvertebrates and fish. 2nd Edition. EPA 841-B-99-002. USEPA, Office of Water, Washington, D.C.

4. CEN, Comité Européen de Normalisation, 2003. Water quality-sampling of fish with gillnets.

5. CEN/ISO, 2003. Water quality-Guidance standard for the routine sampling and pretreatment of benthic diatoms from rivers. European Standard. EN 13946. 14p. and CEN/ISO, 2004. Water quality-Guidance standard for the identification, enumeration and interpretation of benthic diatom samples from running waters. European Standard 14407.

12p.

6. CEN, Comité Européen de Normalisation, 2004. Water quality – Guidance on the scope and selection of fish sampling methods.

7. CIRCA – A portal of collaborative workspace for partners of the European Institutions. Website: http://circa.europa.eu/.

8. Defra, 2006. River Basin Planning Guidance, Department for Environment, Food and Rural Affairs, Welsh Assembly Government, August 2006.

9. Defra, 2007. Draft partial regulatory impact assessment of environmental quality standards for implementation of the Water Framework Directive in the UK.

10. Defra, 2011. How we determine which pressure is causing a biological failure in the context of the Water Framework Directive.

11. Dieperink, Ch. 2006. Guideline on sampling fish in the Lower Dnister area. Tacis CBC Action Programme 2003, Europe Aid/120944/C/SV/UA.

12. Elbertsen JWH, PFM Verdonschot, B Roels & JG Hartholt,

2003. Definition study Water Framework Directive; I. Typology Dutch surface waters. Alterra, RIKZ (in Dutch).

13. Environment Agency, 2006. Water for Life and Livelihoods. A Framework for River Basin Planning in England and Wales.

14. Environment Agency, 2006. Uncertainty estimation from monitoring results by the WFD biological classification tools.

15. Environment Agency, 2007. Combining Multiple Quality Elements and Defining Spatial Rules for WFD Classification.

16. Environment Agency, 2010. Water for life and livelihoods: First Cycle River Basin Management Plans.

17. EU China RBMP, 2008. European Water Directive Handbook: A summary of the key principles of river basin management.

18. EU China RBMP, 2009. European Union – Groundwater Directive.

19. EU China RBMP, 2010. Odense River Basin Management Plan.

20. EU China RBMP, 2010,

Guidance on the restoration of fish migration in European Rivers.

21. EU China RBMP, 2010. Freshwater Name Trail.

22. European Commission, 2000. EC Water Framework Directive – Establishing a framework for Community action in the field of water policy, (Directive 2000/60/EC) Official Journal No L 327 22.12.2000.

23. European Commission, 2000. Priority Substances , Proposal for a Directive of the European Parliament and of the Council on environmental quality standards in the field of water policy and amending Directive 2000/60/EC, {COM(2006) 398 final} {SEC(2006) 947}.

24. European Commission, 2003. Guidance Document No 7, Monitoring under the Water Framework Directive.

25. European Commission, 2007. Directive 2007/60/EC of the European Parliament and of the Council of 23 October 2007 on the assessment and management of flood risks Official Journal L 288, 06/11/2007 P. 0027 – 0034.

26. EU Commission, 2009. Report from the Commission to the European Parliament and the Council in accordance with article 18.3 of the Water Framework Directive 2000/60/ EC on programmes for monitoring of water status, [SEC(2009)415].

27. Foundation for Water Research Website:http://www.euwfd. com.

28. Griffiths. I. M.,2008. European Water Framework Directive Handbook: A summary of the key principles of integrated river basin management. ISBN 978-7-5084-6011-6. Published in Chinese.

29. Kelly M, CBennett, M Coste, C Delgado, F Delmas, L Denys, L Ector, C Fauville, M Ferré , M Golub, A Jarlman, M Kahlert, J Lucey, B Chatháin, I Pardo, P Pfister, J Picinska-Faltynowicz, J Rosebery, C Schranz, J Schaumburg, H van Dam & S Vilbaste ,2008. A comparison of national approaches to setting ecological status boundaries in phytobenthos assessment for the European Water Framework Directive: results of an intercalibration exercise. Hydrobiologia DOI 10.1007/s10750-008-9641-4.

30. Kelly, M.G., A. Cazaubon, E. Coring, A. Dell' Úomo, L. Ector, B. Goldsmith, H. Guasch, J. Hur"limann, A. Jarlman, B. Kawecka, J. Kwandrans, R. Laugaste, E.-A. Lindström, M. Leitao, P. Marvan, J. Padisák, E. Pipp, J. Prygiel, E. Rott, S. Sabater, H. van Dam & J. Vizinet,1998. Recommendations for the routine sampling of diatoms for water quality assessments in Europe. Journal of Applied Phycology 10: 215-224.

31. PHAME consortium, 2004. Manual for the application of the European Fish Index – EFI. A fish–based method to assess the ecological status of European rivers in support of the Water Framework Directive. Version 1.1. January 2005.

32. Pot, R, 2006. Guideline on sampling macrophytes in the Lower Dnister area. Tacis CBC Action Programme 2003, Europe Aid/120944/C/SV/UA.

33. Research for Policy support, 2005. European Analytical Quality Control in support of the Water Framework Directive via the Water Information System for Europe.D24: Report on Costs and Benefits related to the Quality of Monitoring Data.

34. Scottish Environmental Protection Agency (SEPA), 2002. Future for Scotland's Waters.

35. Scottish Environmental Protection Agency (SEPA), 2007. Scotland's Water Framework Directive aquatic monitoring Strategy.

36. STAR project. Website: http://www.eu–star.at/.

37. Torenbeek, 2007. Instructions for WFD assessment. In Dutch (Protocol toetsen en beoordelen voor de operationele monitoring en toestand–en trendmonitoring). ARCADIS; RIZA, RIKZ.

38. Van Dam, 2006. Guideline on sampling phytobenthos in the Lower Dnister area. Tacis CBC Action Programme 2003, EuropeAid/120944/ C/SV/UA.

39. Wright, J. , Sutcliffe, D. and Furse, M. (eds) ,2000. Assessing the biological quality offresh waters. RIVPACS and other techniques. Freshwater Biological Association, Ambleside Cumbria UK.

附件 1：欧盟/独联体　监测指南

欧盟委员会，2003，指导文件No.7，水框架指令之监测篇
欧盟委员会，2003，指导文件No.7，水框架指令之校准篇
欧盟委员会决议，2008年10月30日

附件 2：风险、精度和置信度

英国环境署，2006，使用水框架指令生物分类工具的不确定性估计
英国环境署，2007，水框架指令分类——多质量要素与空间定义规则相结合

附件 3：监测策略

苏格兰环境保护局(SEPA)，2002，苏格兰水环境的未来

附件 4：水分类

英国技术顾问组论文 (UK TAG)，2007，按水框架指令要求的地表水分类方案建议
Defra，2011，我们如何确定什么压力导致了生物状况恶化(水框架指令文件中)

附件 5：评价方法

英国技术顾问组，2008，英国河流评价方法。底栖无脊椎动物种群，河流无脊椎动物分类工具
英国环境署，2008，用硅藻评价英国淡水水体生态状况，科学报告：SC030103/SR4
英国技术顾问组，2008，河流评价方法——鱼类
Fame，2005,欧洲鱼类索引手册—— EFI
Dieperink，Ch.2006，乌克河下游地区鱼类采样手册
Torenbeek，2005，水框架指令评价使用说明 (荷兰文)

STAR, 2002, STAR 河流类型和采样点

STAR, 2002, STAR项目中的河流中大型植物评价

CEN, 2003, 河流质量——刺网采集鱼类样本

CEN, 2004, 河流质量——鱼类采样方法之范围划定和采样点选择

AQEM 联合小组，2002，AQEM系统应用指南。利用底栖大型无脊椎动物评价欧洲河流的综合方法

Pot, R, 2006，乌克河下游地区大型植物采样指南

Van Dam, 2006，乌克河下游地区底栖植物采样指南

现场调查手册，2003

Elbersen，2003，定义研究评估方法

Stowa系列——4本书

附件 6：野外采样

英国环境署，操作手册——淡水大型无脊椎动物采样河流

英国环境署，样品分析操作手册

附件 7：质量保证

Roger Sweeting和Marja Ruoppa，2004，水框架指令和欧盟标准

EA, 2008，操作手册，按BMWP和LIFE体系要求进行淡水大型无脊椎动物分析的质量控制和外部审核

附件 8：监测费用和影响评价

Defra，2007，英国执行水框架指令的环境质量标准的部分法规影响评价初稿

Defra，2009，水框架指令(2000/60/EC，欧盟理事会和欧洲议会2000年12月22日正式通过)的总体影响评价

附件 9：公众获取信息，案例

英国环境署，2009，生命和生活之水，泰晤士河流域管理规划

英国环境署，2010，我们的河流栖息地，英格兰、威尔士和马恩岛的河流栖息地状况，简报

苏格兰环境保护局，2007，苏格兰水框架指令水生监测策略

苏格兰未来的水

附件 10：黄河健康评估研究与实践的英文版